现代 | Modern Package Design

包装设计

王淑慧 编著

东华大学出版社

图书在版编目（CIP）数据

现代包装设计/王淑慧编著.—上海：东华大学出版社，
2011.11
ISBN 978-7-81111-967-1

Ⅰ.①现…Ⅱ.①王… Ⅲ.①包装设计-高等学校-教材
Ⅳ.①TB482

中国版本图书馆CIP数据核字（2011）第236066号

责任编辑：谢　未
装帧设计：王淑慧

现代包装设计

编　　著：王淑慧
出版发行：东华大学出版社
　（上海市延安西路1882号　邮政编码：200051）
新华书店上海发行所发行
印　　刷：杭州富春电子印务有限公司印刷
开　　本：889mm×1194mm　1/16
印　　张：7.25
字　　数：255千字
版　　次：2012年8月第1版
印　　次：2012年8月第1次印刷
书　　号：ISBN 978-7-81111-967-1/TS·294
定　　价：38.00元

序言
PREFACE

　　从教近15年以来，我一直担任着"包装设计"课程的教学工作，同事们开玩笑说我都快成了"包装专业户了"，我欣然一笑……。

　　宝贵的教学经验和社会实践经验让我感到很充实，并有一种责任在肩，希望能把他们汇集成册和同仁共同探讨，更希望能为高等艺术设计院校的学生们提供一本内容结构体系完整、并在传统教材的基础上有所创新和突破的好书，使之受用。

　　贵社约我书稿，正逢本人获得北京市教委社科计划面上科研项目——"原生态包装艺术与现代消费市场关系的研究"（现已圆满结题）之时。我深感这是一个成书的好机会，希望能将近15年的教学经验及科研成果都融入到这本专业的教材中，使之更加全面、完善和实用。

　　写书真的是一个重大的工程，一点都不容懈怠和疏忽。从理论文字的编写，到一张张图例的绘制，再到一张张优秀作品的拍摄，还有一张张历史资料的查找，我都进行了严格把关、仔细筛选、认真修图。经过我一番辛勤的努力，今天终于完稿，希望这本教材能为我国的包装行业和包装设计教育的发展尽一份微薄之力，不足之处也请各位教育同仁批评指正，以便使其更加完善。

　　在这里要感谢谢未编辑的信任与理解；也感谢家人的支持与帮助；还要感谢每个才华横溢的、我亲爱的学生们所提供的优秀作品。

　　成书之日，击掌为庆。

王淑慧

北京工业大学艺术设计学院

2012年1月于北京

目录
CONTENTS

作 者 简 介

北京工业大学艺术设计学院视觉传达艺术设计系教师，副教授。

1997年毕业于中央工艺美术学院（现清华大学美术学院）装潢艺术设计专业，1999年中央工艺美术学院装潢设计专业研究生课程班结业。

1997年进校任教至今，从教近15年以来严谨治学，曾多次被学校评为"优秀教师"、"骨干教师"，并有多门课程被评为"优秀课程"；且有大量的设计作品在社会的各类赛事中获奖。

2008年获得北京市教委社科计划面上科研项目——"原生态包装艺术与现代消费市场关系的研究"，现已圆满结题，并发表了多篇论文。

王 淑 慧

参 考 书 目

1.陈小林.包装设计.成都：四川美术出版社

2.陈磊.包装设计.北京：中国青年出版社

3.贾尔斯·卡尔弗.什么是包装设计？.北京：中国青年出版社

4.王国伦.纸容器造型设计.哈尔滨：黑龙江美术出版社

5.陈浩星.金相玉质——清代宫廷包装艺术

第1章
包装设计的基本概念

　　包装设计是社会市场经济中不可分割的一部分，是伴随人类社会的发展而不断发展变化的。包装设计是商业性很强的艺术设计门类，对于它的解释也是多样化的，不同的时期有着不同的理解。包装设计这一概念从整体的角度可以归纳为四个方面：一是包装的容器造型设计、二是包装结构设计、三是包装平面装饰设计、四是包装的印刷和加工工艺。四个要素都不是孤立的，缺一不可，相互协调，构成一个完整的包装整体。

　　在最初，包装的含义只是停留在"包"、"裹"的层面，是对内容物起到一种很好的保护作用。但随着时代的变化，当今对"包装"这个概念的诠释也在不断地丰富和扩大化，使其含义应用在了不同领域的研究中。"包装"概念已从原有的针对产品的保护与促销的范畴中上升到更为广义的一个层面：城市形象的包装、政府形象的包装、非物质对象的包装、个人形象的包装、空间的包装、企业形象包装等，包装的广义范畴已经渗透到我们生活的许多领域(图1-1～图1-6)。其中，在娱乐节目里我们常听到的"包装"是指对演艺人员公众形象的推广；另外，在城市规划里也常常用到"包装"这个词，它是指在城市规划中要体现独特的城市视觉形象和文化特征等等。我们作为商品包装设计的专业书，在这里只对这个专业领域范畴的内容做详细的讲解和分析，共同探讨包装设计的方法、设计规律和包装材料与结构等内容。

图1-1、图1-2：2008年北京奥林匹克运动会，成功的城市形象包装的案例——在世界面前大大提升了北京的城市形象力，乃至中国的国力

图1-3、图1-4：2010年上海世博会，受到了世人的称赞，也是城市形象包装的又一个成功的案例

图1-5：河北热电厂企业标志与视觉形象识别系统设计

企业形象识别系统的设计与整合可以大大提升一个企业的形象力；对内可以加强员工内部的凝聚力和向心力，对外可以提升企业的竞争力，增强社会公众的信任感，是企业的无形资产。

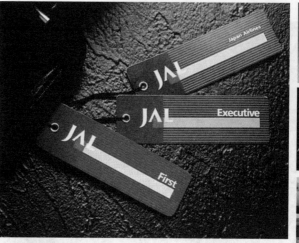

图1-6：日本航空公司企业标志与视觉形象识别系统设计

　　包装设计是一门交叉性很强的学科，它既有视觉传达中造型、结构、图形、文字、色彩、编排等内容，又会涉及到材料、印刷、制作工艺方面等技术环节，还会涉及到社会学、美学、消费心理学、市场营销学、材料学等很多学科的内容，它是立体的和多元化的，是多学科融会贯通的一门综合学科(图1-7～图1-14)。本书通过对包装概念、功能、商品属性、色彩、构思与表现形式、构图、材料、结构、系列化包装、印刷和加工工艺等多方面知识的讲授，明确包装设计在营销活动中的地位和作用，使设计师掌握销售包装设计的技能，逐步培养学生对整体包装形象进行设计、定位和对企业整体形象推广的能力。

图1-9

图1-7（1）、图1-7（2）

图1-10　　　　　图1-11

图1-12

图1-8

图1-13　　　　　图1-14

图1-15、1-16：美国密西根州立大学包装学院

一、包装的定义

包装活动的历史源远流长，但是将包装作为一门学科来研究却为时甚短，最早设置包装课程的学校出现在20世纪50年代的美国（图1-15、图1-16）。"包装"从字面上可理解为包裹、包扎、安装、填放及装饰、装潢之意。包装品就是包裹和盛装物品的用具。从广义上看包装的含义，凡是日用品和工艺品的盛装容器、包裹用品以及储藏、搬运所需的外包装器物。如编织物、木制品、陶器、瓷器、青铜器等等。从狭义上讲，包装就是把包装物严密地包裹或盛放的器具，如箱、袋、瓶、盒、匣等。包装物与被包装物之间具有一定的和谐与统一性，包装物往往既具有实用性，又具有特定的审美含义。

20世纪80年代超级市场的迅速发展刺激了产品需求，包装在行销当中的重要地位被确立。我们现在所说的包装，已经不再是仅仅将内容物包裹好而已，同时也需要它能够满足保存和保护商品的功能；满足储运及携带的方便等条件；还要满足使用的经济性和科学性；以及商品的适销性；与此同时，更要考虑到包装材料的环保性。因此新的包装材料的研发包装技术的改进和资源回收再利用等问题也是十分重要的。随着时代的发展，人们对包装的概念认知的加强，对包装定义的解释也有着多样性，不同的国家都在进行着新的诠释，虽然有所不同，但也是在日趋一致的。

美国对包装的定义：包装是为产品输送、流通、储存和销售的准备行为。

英国对包装的定义：包装是为货物的储存、运输和销售所做的艺术、科学和技术上的准备行为。

日本对包装的定义：包装是使用适当材料、容器而施以技术，使产品安全到达目的地。即产品在运输和保管过程中能保护其内容物和维护产品的价值。

我国对包装的定义：包装是为在流通中保护产品、方便储运、促进销售，按一定技术方法而采用的容器、材料及辅助物等的总体名称。也指为了达到上述目的而采用容器、材料和辅助物的过程中施加一定技术方法的操作活动。

二、包装的分类

我们按照包装的形态结构可将其分为储运包装、销售包装和内包装三种：

1、储运包装：也称外包装、大包装。它的主要功能是保障产品在流通过程中的安全性，并且达到便于装卸、便于储存保管和运输的作用。由于储运包装不承担产品的促销功能，所以在包装上只是标注上产品的品名、内容物、性质、数量、体积、放置方法和注意事项等内容，以此达到为了便于流通过程操作的目的。储运包装的材料通常选用抗压性、吸水性较好的箱板纸、卡纸、瓦楞纸等，并且在印刷上多采用单色（图1-17～图1-19）。

2、销售包装：也称个包装。它的主要功能是达到销售的目的，通过对包装的设计及产品的说明介绍等方式来宣传产品，在销售环节吸引消费者并同时起到

图1-17～图1-19：储运包装

保护商品的作用。销售包装通常多采用纸质较好的卡纸、铜版纸等，设计风格丰富、造型多样化，体现很好的产品个性及突出的企业形象文化。其结构对产品有较强的保护性（图1-20～图1-23）。

3、内包装：是指与内容物直接接触的包装形式，它的主要功能是归纳内容物的形态、保护商品，按照内容物的需要起到防水、防潮、避光、保质防腐、防变形、防辐射等各种保护作用，提供消费者在使用上的便利。比如胶卷的包装，打开销售包装后产品外的黑色塑料盒就是内包装，它对内装物起到保护、保存的作用，以使胶卷不会受光、受潮而报废（图1-24～图1-28）。

总上所述，包装的类型大体上分为上面三种，但由于包装方式及商品本身形态的多样性，使得很多的包装并不一定符合上面的划分方法，比如铁筒形式的婴幼儿奶粉包装就是内包装和销售包装合为一体的包装形式，而一些大件的商品，则是储运包装和销售包装为一体的包装形式，如电视、冰箱等等。

三、包装的艺术特征

包装设计是直接装饰美化商品的一门艺术。它与其他绘画艺术不同，绘画艺术多重于欣赏性，而包装设计则是以其经济性为目的，从其艺术语言和艺术规律上讲，它与绘画艺术既有共性，又具个性。包装是直接为社会经济服务的，具有很强的实用性。商品是直接面向消费大众的，包装和市场便是生产和消费者最好的媒介，因此，包装就要受到市场形势和消费者欣赏口味的制约。而包装设计不可随心所欲，设计师不能表达自己的主观意念和好恶，必须考虑厂商的要求，考虑消费对象的欣赏特征和消费水平，且要考虑使用材料的性能和局限及生产和印刷的工艺条件，经济成本等诸多的因素，注重实用性和艺术性双重特征；一个包装的好坏，它的评判标准不能只从画面上评价优劣，要以市场情况和消费者的接受程度为标准。绘画等纯艺术可随心所欲地表达自己的主观意象，注重欣赏性、艺术性，可依个人的喜好和情绪而定。绘画艺术更注重原创，复制品则失去其价值，但包装设计则需要按要求批量生产，销售越好，印刷品的数量则愈多，则证明其设计的成功性。所以说商品包装设计具有明确的目标，它最终都需要面对消费对象，设计的目标不是产品本身而是人。

总之，包装设计不是孤立存在的，无法与绘画艺术相比，不可能像一幅画一样任凭人们从不同的角度、以不同的心理和不同的审美水平去评价、去欣赏，仍不失自己的价值。而包装设计必须要顾及市场及消费者的反映和接受程度来定位和创作，包装在促进销售上的成绩是它价值的体现。这就是包装与众不同的特征（图1-29、图1-30）。

图1-20～图1-23：销售包装

图1-24～图1-28：内包装

图1-29、图1-30：具有绘画表现风格的包装设计

图1-31：瓶体外的金属网加装锁的设计新颖，起到了很好的防盗功能，对于产品本身有很好的保护作用

图1-32：木质箱体对玻璃瓶体起到了很好的保护作用。其木头的材质和纸质材质又和谐统一，形成独特风格

图1-33：简洁巧妙的盒内结构设计对陶瓷品起到了很好的固定作用，并予以保护

图1-34：异形容器不易于运输和储存时码放，可在其外加以规整的包装形式予以保护，这样可减少产品的损坏和节省码放的空间，节省储运成本

图1-35：鸡蛋的纸浆模塑工艺一次冲压成型，对产品起到很好的保护作用，而且材料环保、便于回收

图1-36：盒体加以双层的设计，使其形成虚空间，可以缓冲外力，起到对产品的保护作用

四、包装的功能

包装的功能就是指对于包装物的作用和效应。大体分为四类：保护功能、美化功能、使商品卫生化的功能、促销功能。

1.保护商品

保护商品是包装最基本的功能。

从历史追溯，自有商品交换的年代起，包装就开始出现且无装饰性，只是简单的包扎、包裹而已，也只是单纯地起到保护商品的作用。随着社会的进步，商品只通过简单的包装已经不能满足人们的需求，逐渐开始美化包装。所有的产品都离不开固态、液态、粉末、膏状等物理形态。有的坚硬、有的松软、有的轻、有的重。每一件商品，从生产企业生产出来，到最后被消费者购买并消费，需要经过多次的装卸、运输、仓储、陈列、销售等环节。如果在储运过程受到冲击、挤压、震动、碰撞、高温、潮湿、光线、气体、细菌虫害侵蚀、偷盗等，都会对商品的安全构成威胁，使商品受到损害。如何将损失降到最低程度，这充分体现在包装的基本功能上。好的包装，包括完美的设计、合理的用料，在促销过程中便于运输和装卸、便于保管与储运、便于携带与使用、便于回收与废弃处理。因此，在进行包装设计的时候要注重包装的结构、材料等诸多方面的因素，把包装的保护性放在第一位来考虑。

在考虑包装的保护功能的时候，要求设计师必须结合产品自身的实际特点来综合考虑，要求设计师对材料要有充分的了解和把握，什么样的材料和包装方式起到什么样的保护效果，要做到心中有数，应用到位。另外，为了加强保护性可以考虑材料的综合使用，如使用海绵、发泡材料、纸屑等填充物来达到固定产品的作用。为了防潮、密封也可以采用封蜡的方法（图1-31~图1-36）。

2. 美化商品

俗话说，人靠衣装，马靠鞍；三分画七分裱。这些都反映出装饰美化的作用和意义。

当今激烈的市场经济竞争中，精美高贵的包装设计越来越显示出其独特的魅力。商品只有经过精心的装饰、美化，才能提高其自身价值，促进消费者的购买欲，让人们不由自主地实现从喜爱到占有的心理过程。产品包装设计的优劣往往会直接关系到一个企业的经济效益甚至存亡。"货卖一张皮"形象地说明了包装设计与商品价值之间的关系，当然这并不意味商家可以只重视包装而轻视商品的质量与品质，二者同等重要。良好的包装除了提升商品的自身价值外还会大大增加产品的附加值，对企业的形象和实力以及信任度都会大大提高（图1-37~图1-40）。

3. 包装使商品卫生化

随着社会的现代化，环境污染已经逐渐成为世界性的灾难。特别是日益增多的食品卫生化问题尤为受到关注，因为它直接关系到人类的身心健康。商品卫生是社会商品流通的基本原则。搞好商品卫生化，一是做到对产品本身的防腐、防变质的处理；再就是包装的科学化，不断启用新材料改进落后包装，极大限度地延长商品的储存寿命。比如，我国南北方的气候差异很大，北方的气候干燥，南方则空气潮湿。由于湿度和温度的变化，有的商品会发生变化，尤其是在湿度变化较大的情况下会导致食品类商品产生腐化变质，这就要求生产厂家对产品本身做好科学的防腐技术处理外，我们设计者也要在包装材料的选择及结构上做合理的设计；在温度突变的情况下，会产生热胀冷缩的情况，导致商品和包装变形、干裂、破损等情况，所以在设计上要考虑材料的透气性和保温性等因素。就拿市场上鲜奶制品的包装而言，采用的多为利乐包装，这种包装采用的是纸塑铝复合材料，既可以保留纸张便于印刷的特点，又可以起到使商品卫生化的保护——"利乐，保护好品质！"（图1-41~图1-43）。

图1-37~图1-40

4. 促销功能

在没有服务员推荐和介绍的自选商场的货架上，包装的促销功能最能显示出独特的生命力。那里的商品琳琅满目，消费者可以自由地挑选自己喜爱的商品。这些商品都是以类别进行分类摆放的，在同类别中如何让自己的商品打败竞争对手脱颖而出，包装设计的新颖性、独特性、色彩的感染力等都是表现的重点。一个包装首先作用于人们的视觉，由视觉反映到其心里，心里印象的好坏决定了消费者的购买欲；一个好的包装本身就是一个好的自我推销员、宣传员；一个好的包装，要给人以美感，要让人喜爱产生好感，这无形中起到了传递信息的作用。信息的传递和自我推销是相辅相成的，很多的假冒伪劣就是盗用了人们心中的美好包装的形象，鱼目混珠。从中可见信息的传递和自我宣传是包装很重要的功能。大家可能都会有这样的生活经历，当你去超市购买你所需的商品时，实际购

图1-41~图1-43

图1-44～图1-47

买商品的数量往往会大大超过计划，原因有二：一方面是原本也需要的，只是忘记写在购物单里了，及时补充进去；另一方面基本上都是随机的购买行为。当你购物时眼睛瞥过货架时会有意外的发现，一定是它新奇的包装吸引你并让你驻足欣赏，甚至爱不释手直至把它放进购物车里。这就是典型的包装的促销功能的体现（图1-44～图1-47）。

包装设计要遵循"科学、经济、牢固、美观、适销"等方针，为的是更好地体现"保护商品、美化商品、宣传商品"的作用。

五、包装的商品属性

包装装潢设计都是为商品和促销服务的，而商品属性则是指具体的各类商品的不同属性形式概念，即不同类别的商品有不同的结构形式、不同的画面构成形式和不同层次的色调倾向等。其中构图和色调是区别商品属性的主要因素。

例如：牙膏和鞋油，这两种商品在商品的形态上都属于膏体，在包装形式上一般都采用塑料管状的包装来盛放，外部配以纸盒包装。由于商品属性上的差异性，决定了他们的画面构图和色调却截然不同：牙膏主要表现洁齿防蛀的功效，多采用蓝绿色调，画面构图较活跃多以弧线为主；而鞋油则主要表现黑亮光洁度好，一般多采用黑色调，配搭红、金等色，构图多以直线条为主（图1-48、图1-49）。在进行包装设计时一定要准确把握商品的属性进行合理的设计定位，采取正确的构图与色调关系，否则就会弄巧成拙。

再如，白酒、啤酒、果酒、洋酒这四种产品，都是酒类产品，但是由于他们的属性完全不同，所以导致商品在设计的定位及风格上有本质的区别，风格自成一体，不容混淆：白酒的产地以中国为代表，它以酒精含量的比例分为高度低度，消费群体以成熟男性为多，多用于宴席庆典等活动。市场上白酒的瓶贴及外包装的颜色以红、黄、金为主（茅台、贵州醇、金六福等），他们的包装风格多偏于成熟化，不失稳重之感，追求高档品质（图1-50～图1-53）；啤酒的价格相对低廉，消费群体比白酒相对广泛，男女消费比例没有明显的差异，年轻人也

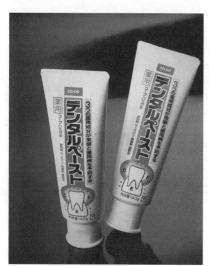

图1-48：日本牙膏包装设计

图1-49：鞋油包装设计

占了很大的比例，且啤酒在炎热的夏天多以消暑解渴的"饮料"身份出现，它的包装形式多为单独的内包装，无外部纸盒包装，瓶贴的色彩以蓝绿为主来表现清爽感，构图比较活跃（图1-54～图1-56）；果酒的原材料以各类水果为主，消费群体以女性居多，无明显年龄界限，采用的玻璃瓶体工艺比较讲究，瓶贴的设计色彩丰富、清爽、淡雅，多以原材料和装饰字体为主体形象（图1-57～图1-59）；洋酒的价格比较昂贵，消费群体相对集中，其注重容器造型的个性设计且工艺精良，瓶贴及外包装的设计简洁大方，多以英文字体设计为主，色彩雅致（图1-60～图1-63）。

　　鉴于上面的分析，商品属性是客观的，是多少年来在人们的视觉和心理感觉上对商品形成的习惯概念，是不能轻易地任凭主观意识随意改变的。然而，商品属性是有国度的，不同的国家、不同的民族、不同的地区，都有其自己的属性概念。尤其现代社会经济发展，进出口贸易繁荣，很多出口包装就要针对不同的国度人们的习惯属性进行设计定位。不然就会弄巧成拙，闹出笑话来而影响产品的销售。

　　商品属性的问题是任何一个包装设计者都应该认真对待的。失去商品的属性的设计就将不伦不类，不能更准确地传递商品的属性。设计师平时应该多看多学，丰富自己的思想，扩充自己的知识，设计水平的高低绝对与个人的综合素质有关。

图1-50～图1-53：各种白酒包装

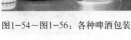

图1-54～图1-56：各种啤酒包装

图1-57～图1-59：各种果酒包装

图1-60～图1-63：各种洋酒包装

第2章
包装的历史、现状与未来

一、包装的历史与发展

包装的发展与社会经济密不可分，经济的繁荣带动包装的进步。包装与人类的生活密切相关，是人类社会发展的必然产物。在人类文明漫长的发展过程中，科技的发展、社会的变革、生产力的提高等方面的变化都使得人们的生活方式和生活环境有了提高，从而这些都对包装的功能和形态产生了很大的影响与促进作用。"百工者以致用为本"，从这句中可以看出包装的准则。自商代开始，历经漫长的发展过程，用于包装的材料、装饰、技巧、方法等在不断地衍变，如盛行于汉代的漆器包装，此后作为包装的主要材料历代沿用；而唐代华美富丽的银器包装，则是贵族身份与地位的象征。不同时期因财力、文化和时尚的不同形成了各具特色的包装风格。我国的包装经历了由原始到文明、由简易到繁杂的发展进程，我们从包装的发展演变过程中可以清晰地看出我们人类文明进步的足迹。

1. 包装的萌芽阶段——朴实与自然的追求

旧石器时代原始人类以打击石器为主要特征，由于人类受到使用工具和生产力水平的限制，他们为此无法单独在自然的环境中生存，只能群居穴洞，靠双手和简陋的工具打猎、捕鱼和采摘野果为生。他们的生存条件和环境很低下，食物和饮水对于他们的生存十分重要，于是原始社会人类便使用树叶、果壳、贝类、竹筒、葫芦等天然材料来包裹、盛装他们的食物和饮水，这就是包装的最原始形态和动机。这些包装的原始材料和形态都是自然和原生态的，其功能主要体现在对生活资料的盛放和转移上。从今天的意义上理解包装的话，那么当时的材料都是未经过加工的，简陋粗糙，还谈不上真正意义上的包装，也仅仅看做是包装的萌芽而已（图2-1、图2-2）。

我们的祖先在经历了漫长的脑与手的进化之后，开始进入有意识地创造性劳动阶段。随着人类文明的进步，火的发明和运用使得人类支配自然的能力大大提高了，出现了陶器、金属器等人造包装。最初陶器的发明，是人类社会发展史上的划时代里程碑。从包装的发展脉络上看，新石器时期产生的陶器，从包装的角度看，有着重要的意义，可以说它是我们祖先创造出的最古老的包装容器。它的出现，不仅成为了原始时期先民们主要的生活用品，一方面它不仅可以汲水、存水、饮水，还能烧水、烧炙，还可以存酒、食物，保存食物；并且还大大改善了人类生活的条件，让人类生活有了质的飞跃；另一方面，陶器上的各种纹饰，实

图2-1（1）：贝类包装形式

图2-1（2）：旧石器时代的陶器

图2-2：新石器时代陶塑鸟形壶

图2-3：陶器，新石器 图2-4：陶盂，新石器时代，距
时代裴李岗文化代表 今七八千年，磁山文化代表

图2-5：朱漆碗，新石器时代，出土于距今7000
年前的河姆渡文化遗址，是我国至今已发现的时
代最早的漆器之一

图2-6：夹粗砂灰陶绳纹圆底罐，新石器时代，
出土于万年县倦人洞遗址，是我国迄今发现最古
老的陶器之一

图2-7：人头 图2-8：黑漆碗，商代，我国目
形器彩陶瓶，前所知的时代最早的轮制木胎
原始社会 漆器

图2-9：玉琮，原始社会　图2-10、图2-11：青铜器，原始社会

图2-12：青铜器，原始社会　图2-13："亚伐"饕餮 图2-14："叔趯父"卣，西周
纹提梁卣，商

际反映了当时流行的各类包装形式。如现已发现的距今8000多年的裴李岗文化陶瓷（图2-3），除各种生活用具外还有各种储备器，这种器具除了具有包装的盛放、储运、保护功能外同时还具有观赏功能（图2-4～图2-11）。

奴隶社会时期青铜器的制造技术已经发展很快，除此以外麻织、丝织技术已达到成熟阶段，还有漆器、角器、木器、皮革器皿、竹器等包装形式也广泛应用。其中丝绸更以轻盈、柔滑光亮等优于其他纺织品的特性而备受贵族阶层的青睐，与青铜器、玉器共同成为生活中的奢侈品，也是重大活动必备的供品和赠品。其包装形式是装入竹筐中进贡，同时丝绸还常被贵族阶层用来包裹心爱之物。生前赏玩，死后随葬，如河南安阳殷墟出土的铜觯和铜钺以及青玉戈上都留有明显的丝织物印痕，足以证明这种包装方式的存在。而此时青铜器也得以大量的铸造，青铜壶、罐等新形态出现。在装饰纹样上，日常用来提携圆形器物的绳子及捆扎方法，则演变成一种纹饰铸造在青铜器上（图2-7～图2-14）。由于统治阶级的意愿，青铜器更多地被作为礼器而使用。青铜器作为包装容器受到其材料、制作特性等因素的制约，作为包装形式在此时期并没有显出更大的优越性。此时的先民对于包装的概念仍处于朦胧的"包"、"裹"的认识上，包装的发展也只是处于萌芽的状态。

2. 包装的成长阶段 ——促销与装饰的并重

随着生产力的不断提高，生产资料的不断丰富，越来越多的剩余价值产品开始进入到初级的流通领域，货币买卖开始取代简单的以物换物。春秋战国时期的商业更加繁荣，各国大中城市商品互通繁忙，一派繁华景象，使得包装物也得到了长足的发展。某些商家为了使商品吸引顾客，开始注意用漂亮的外观吸引买者，于是商品外形日趋华丽，这时包装的功能就不再仅仅停留在之前的保护功能上，而是开始渐渐地起到了传递产品信息、促进售卖的作用。这一时髹漆技艺也日臻成熟，漆器以体轻、胎薄、坚固等特点脱颖而出，使包装品有了新的突破，成为最受欢迎的包装形式。当时妇女梳妆的漆奁，已成为流行的包装。长沙马王堆出土的丝绸包双居九子奁，详尽展示了这种漆奁的包装形式。汉代的漆器梳妆包装，胎体更为精薄，为防盒口破裂，还多以金、银片镶沿，这样既增加强度，又显得富丽。再看《韩非子》的记载："楚人有卖真珠于郑者，为木兰之椟，熏以桂椒，缀以珠玉，饰以玫瑰，辑以翡翠"。不识货的郑国商人以高价买去了华丽的装珠子的盒子，而将珠子还给了商人。这个故事从侧面告诉我们当时商业活动中对包装装饰作用的重视以及当时包装水平对于消费者的吸引力和对于商品的促销作用，它真实反映了当时包装的精湛和人们注重华丽包装的心态（图2-15～图2-19）。

张骞出使西域打通了"丝绸之路"，汉代通往西域的交通从此畅通无阻，使汉朝与西域各国的商贸往来频繁，当时出口的货品要经历远途的考验，因而在包装上不仅大大加强了保护功能的设计，而且，还在包装的外部装饰上大下功夫，既突出了本国的特色也融进了异国的风格。东汉时蔡伦对纸的发明，是一项非常伟大的壮举，从而使得纸作为包装材料应用到了各种各样的商品之上，使包装的品质有了质的飞跃。当时纸包装在茶叶、药品、食品等物品上的应用非常常见。对外贸易远达中亚、欧洲。《幽明录》载有一女子以纸包胡粉，"百余裹胡粉，大小一积"。手工业发展和商业繁荣，促进了包装的发展。

此外，竹、藤、苇、草等多种植物枝条编制的包装品继续发展，多成为大宗物品的包装材料。在马王堆汉墓出土的物品中我们可以看到大量的竹简，它用于盛装丝织品、食物、药材（图2-20）。

隋、唐时期是中国封建社会的鼎盛时期，中国与西域之间的交流越来越多，"丝绸之路"和"茶马古道"的开拓架起了中西两个世界的商业交流平台，包装也因此在这些商品交换中扮演着越来越重要的角色。唐代，社会发展空前繁荣，国力强盛经济发达，此时的包装在继承前代各类包装特色的基础之上继续发展，并开始呈现出自己独有的特点。主要原因是由于佛教在唐代达到鼎盛，所以用于佛事用品的宗教包装是当时最具独特的类别。这类包装用材考究，纹饰带有强烈的宗教色彩，整体风格庄严、神秘。其中尤以佛舍利包装最为突出。宗教类包装在注重功能的前提下，更多阐释了人对神的敬重及祈求保佑的心理。另外，唐朝大量出现了造型别致、纹饰精巧的金银器包装，普遍使用錾花、焊接、

图2-15：镂雕盖蟠虺凤鸟纹罐，春秋

图2-16：彩绘鸭形漆豆，战国

图2-17：彩绘出行图夹纻胎漆奁，战国，装梳妆用具的器物，髹漆工艺

图2-18：彩绘夹纻胎双层九子漆奁，西汉，装梳妆用具的器物。髹漆工艺，长沙马王堆出土

图2-19：彩绘镶珠嵌箔铜釦夹纻胎双层漆奁，西汉，装梳妆用具的器物，髹漆工艺

图2-20："东乡家丞"封泥，汉，直径3.1cm，厚0.6cm，封泥（也称泥封）是指带有印章的泥块，最早古代官方和私人简牍、书函大都写在竹简上，用绳穿缚，有的还装在匣内，然后用泥封闭，在泥上加盖印章，以防偷拆。"东乡家丞"封泥为汉代简牍、书函包装的重要见证，是包装的封缄部分，起到保护包装的作用

图2-21：青瓷菊纹盒，隋代，属化妆盒，盖面饰菊纹、卷草纹、锯齿纹三种，盖的周边饰卷草纹，盒底周边饰重瓣菊纹，造型精致

图2-22：隋代，鎏金铜函。通体錾刻阴线纹，表面鎏金

图2-23（1）：唐，嵌螺钿花鸟纹黑漆经箱，箱体为木胎，通体修黑漆镶厚螺钿片，花纹密布，蚌片光泽闪烁，堪称我国古代螺钿漆器的珍品

图2-23（2）：唐，银粉盒，高2.2cm直径6cm，粉盒内装胭脂，是唐代最流行的女子化妆品的包装形式

刻凿、鎏金等工艺方法，包装装潢上传统龙凤题材与域外宝相、缠枝花卉及鸟兽巧妙穿插结合。而且唐代造纸术的进一步发展对当时包装也有了更大的促进作用，纸质的提高和品种的增加使得包装的形式和档次有了很大的提高，纸质包装仍多用来包装茶叶、食品、中药等（图2-21～图2-23）。《梦溪笔谈》中讲到"唐人重串（穿）茶粘黑者，则已近乎串饼矣。"从中我们可以看到当时对紧压茶传统的包装方法，其茶叶被紧压，茶团外用纸包裹，与现在的茶饼包装基本一致，究其用纸包裹的原因，唐·陆羽《茶经》上说到"纸囊，以剡藤纸白厚者夹缝之，以贮所炙茶，使不泄其香也"。此时茶叶的包装纸被称为"茶衫户"，由此可见纸张作为一种包装材料在当时也得到人们的认可和广泛的使用（图2-24）。

宋代由于城市商业和海运的发达，手工业生产较唐代更加先进，官方机构庞大，民间作坊遍布。海上贸易已能通航日本、高丽及南洋诸国，瓷器、漆器、丝织品等已成为重要的商品出口，这一切必然促进包装的空前繁荣。

北宋时期造纸和印刷术也大大提高，纸用于包装更加广泛，它带动了包装装潢的兴旺发展。在书籍装潢上，常将椒水掺入纸中，以达到防蛀作用。日常食品用纸包装也更加普遍，如糖果蜜饯"皆用梅红匣盛贮"，五色法豆则用五色纸袋盛之等等。另外，陶瓷生产在宋代也发展到了顶峰，继唐代著名的"唐三彩"之后，宋代更以五大名窑、耀州瓷和龙泉窑等驰名中外。陶瓷出口量的大增，成为当时的大宗买卖。这些著名陶瓷器具造型则多以模仿生活中的各种包装形式进行创作，如三彩笸箩洗的柳编工艺、白釉刻网纹缸的竹篓运输包装等（图2-25）。这个时期的商家比较注重商品的包装以及商品宣传，瓷器的大量生产无形中对瓷器包装运输技术也提出了更高要求，并促使它的进步。尤其是宋代五大名窑，商家在运输商品时则将大小器皿相套，用不同的材料和方式进行捆扎，便于运输方便、保护产品的安全。有的商品还在外包装上注明商品产地、商铺牌号，以提高自己货真价实的声誉（图2-26～图2-28）。

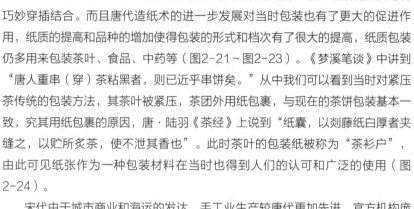

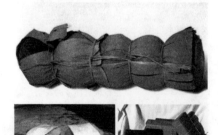 

图2-24：普洱五子茶团（上）。现代的普洱茶饼茶砖与我国古代传统普洱茶的包装形式基本一致，变化不大

图2-25：唐，黄釉席纹执壶，通体刻划席纹并采用剔底技法刻初具有剪纸效果的图案

图2-26：唐，定窑白釉"官字"字款花形盒

图2-27：宋，堆漆描金舍利函，盒体雕刻精美工艺讲究

图2-28：宋，戗金银钿莲瓣形朱漆奁，该奁在朱漆底上镶嵌银箍，戗刻金纹，人物高雅，花卉繁丽，具有富丽高贵的装饰效果

宋代还是我国雕版印刷的黄金时代，新技术的出现马上被包装业所采用，现陈列于中国历史博物馆的北宋"白兔"，图案"济南刘家功夫针铺"的包装纸的印刷正是采用这种铜版雕刻新技术，这种包装纸的设计，集字号、插图、广告语于一身，已经具备了与现代包装相同的创作观念。此铜版图文并茂，既有"济南刘家功夫针铺"名称，又有"玉兔捣春"的品牌标志，是中国古代使用较早、设计完整的商标体系；"认门前白兔儿为记"、"收买上等钢条，造功夫细针，不误宅院使用。转卖兴贩，别有加饶"等字，对产品原料、制造质量、使用效果、优惠条件、售卖方法着意宣传，突出店铺讲求诚信和质量的经营之道，提醒消费者用商标来区别真伪，防避伪劣产品，图形鲜明，文字简省易记且信息密集，深谙广告宣传之道，体现出强烈的宣传意识。此设计已经具备了现代包装的主要功能，尤其是体现出了明确的促销功能。铜版的印刷品既可用作针铺的包装纸，也可印制招贴画，它也,世界上最早的印刷广告实物，充分体现了当时中国古代广告的发达程度（图2-29）。

图2-29：北宋，"济南刘家功夫针铺"铜板印刷成的包装纸

张择端的《清明上河图》也形象地反映出了开封城内商业的繁华景象，城内店铺林立，贸易兴隆，从画中我们也能看到这一时期商品包装的端倪。各种各样的包装形式和材料，有的捆绑、有的包扎，麻布、竹编、木材、纸张、皮革等材料的应用随处可见。我们可以看出此时包装在商品销售中的功能十分重要（图2-30～图2-36）。

图2-30～图2-36：《清明上河图》中可以看到当时的各种各样的包装形式和材料

图2-37：稻草捆扎的瓷碗

图2-38：稻草捆扎的瓷勺

图2-39：纸张包裹与稻草捆扎的瓷勺

元朝特别重视外贸，随着海外贸易的日益发达，景德镇陶瓷的外销也随之扩大。意大利人马可·波罗在其游记中说元代景德镇瓷器已远销全世界（图2-37~图2-39）。另外，元代是蒙古贵族建立的政权，在包装形式还表现出了自己的民族特点，如皮囊类包装（图2-40）。这是马背上的民族利用草原上丰富的皮革材料而制作的袋囊，其制作和使用历史悠久，以其耐磨、抗冲击、携带方便等优点而深得草原民族喜爱。此外，大量地方土特产的包装，也极大丰富了元代的民间包装，如荔枝龙眼的包装，将果实先晒干，再用火焙，然后用箬叶裹之，竹笼包装，可以致远。还有内盛干果的漆类包装食盒也很流行，此盒可以蔽风沙，防干燥，是人们礼尚往来的果类包装器物，深受人们的喜爱（图2-41）。

3. 包装的发展阶段——形式与功能的完美统一

明代社会经济继续繁荣，新兴的商业和港口城市林立，商品包装随着国内及海外贸易的频繁而更加发达。这一时期沿用的传统包装形式仍然很多，不过制作更加精细，方法更加成熟，如漆类包装。明代漆器包装在传承旧的形式的基础上，不断地发展完善并日趋成熟。漆类包装以北京官办的"果园厂"最为著名，这里集中了天下最好的漆匠。如盛装明皇室家谱的红漆戗金"大明谱系"匣，盛放小件珍玩的"剔红花鸟二层提匣"等（图2-42~图2-44）。另外，明代器物的纹饰仍然常采用绳纹来表现，如"青玉绳纹合卺杯"。其次，由于明代佛教依然盛行，刊印了大量的佛经，其中都是采用丝织品锦缎用来装裱佛经封面的，精美华贵。明代，周嘉胄写了专门论述装潢的著作《装潢志》和《通雅·器用》，在书中对装潢做了如下解释："潢，尤池也，外加缘则内为池，装成卷册，谓之装潢"。另外包装又增加了新的品类——铜胎掐丝珐琅，以景泰年间制作最精而闻名。

图2-40（1）：绿釉马镫壶，高29cm，口径6.1cm，四角边缘饰圈点纹，表面皮线缝合的效果。这件绿釉瓷壶直接仿制于皮囊壶。当时人喜欢用皮作包装，一是原料丰富，二是柔软耐磨损，能适应马上颠簸

图2-40（2）：鹿纹金花银皮囊壶

图2-41：剔红赏花图圆盒，元，高7.5cm 直径20.4cm，盒是中国传统盛装物品的器物，此盒盒底有黄纸签，上面墨书"文溯阁东间雕漆圆盒一件，内盛墨一块"。

图2-42：明，"剔红花鸟二层提匣

图2-43：明，"万历"款戗金彩漆云龙纹盒

图2-44：明，雕填双龙捧寿漆箱

明代的海外贸易仍以瓷器等为主，瓷器是易碎品，在远销的途中如何减少磕碰，将损失减少到最小就成为包装中首要解决的问题。明代对于易碎品瓷器的运输有了绝妙的方法。在《野获篇》中记载："初卖时，每一器内纳沙土及豆麦少许，叠数十个辄牢缚成一片，置之湿地，频洒以水，久之豆麦生芽，缠绕胶固确试投牢 之地，不损破者始以登车"。这说明当时的瓷器包装已采用了衬垫、套装、捆扎等多项减缓磕碰的技术，比起过去使用单一的包装方式要先进成熟了许多。这种方法将植物的特性在包装设计上运用到了极致，充满了智慧，令人叫绝。

清代是封建社会的最后一个王朝，也是封建社会发展的顶峰和没落时期。明代到清初，瓷器的造型装饰由简约趋于繁缛，宫廷包装的装饰更为讲究，出现复古倾向，工艺水平也达到历史的新高度。可谓"集天下之良才，揽四海之巧匠"。包装物品分类更为细化，形式多样，主要有诗文书画包装、文玩包装、宗教经典与法物包装、生活与娱乐用品包装、文房四宝包装、娱乐用品包装等。以康、乾时期最为代表，当时政局稳定，经济得到迅速发展，财富也大量累积，此时的各类工艺美术品种、数量和制作工艺等方面均已到了精益求精、至善至美的水平。清代包装以宫廷和民间两种形式为代表，一方面宫廷用的包装，无论是在包装材料、包装的造型结构、还是包装的装饰上处处都体现出皇权思想和皇家气派。它的包装材料十分考究，有紫檀、漆器、珐琅、竹雕、金银累丝、织绣品等。另外除选料上乘外，包装的装饰工艺也很丰富，如雕刻、錾刻、绘画、镶嵌、编织等等；另一方面，清代的民间包装也很具特色，以各地官员进贡时所附带的包装为代表。如"杭州的茶叶"、"安徽的贡墨"等等，形成了鲜明的民族风格。它们既牢固又严密，不仅起到了严密的保护作用，又依据所贡物品的特点而具有和谐、美观的艺术性。宫廷和民间两类包装形式成为清代包装风格的代表，清皇宫成为当时优秀包装物品的荟萃之地。

总之，清代宫廷包装已经形成了一定的规模，虽然专门的包装行业尚未出现，但是可以说包装物集清代各种工艺之大成，体现了清代工艺美术品发展的高超水平（图2-45～图2-58）。

图2-45：画珐琅缠枝莲纹大攒盒

图2-46：清，红雕漆卷轴册页组合装。此种包装形式巧妙地把卷轴和册页组合在一起，使书画合二为一，当时宫中盛行

图2-47：清，掐丝珐琅海水江崖云龙"御用五福"莲座盒

图2-48：清，紫檀盒，上有玉璧装饰，内装四册胜景图，包装效果古朴典雅

图2-49：清，竹根雕芒果型御制诗文盒，此包装外观清雅，内涵庄重，是诗文书画包装的奇巧之作

图2-50：清，红雕漆五屉"御制诗花卉紫毫笔"匣，是清宫现存的最精美的毛笔包装，设计精巧，制作华丽

图2-51：清，匏器砚盒

图2-52：清，文竹"寿春宝盒"，明清时代宫中最流行的包装形式之一

图2-53：填漆"寿春宝盒"

图2-54：清，黟黑漆描金花果袱纹长方形漆盒，平底，其褶皱和蝴蝶结表现得自然逼真，若不仔细观察，会令人产生错觉，认为它是用包袱皮裹着的漆盒

图2-55：清，紫檀雕包袱盒，源于对原包袱式包装的模仿，与青铜器上绳纹源于人类早期包装的造型有异曲同工之妙，极具艺术观赏性

图2-56：清，八旗盔包袱，内置八旗兵头盔，用蓝布包裹打结，这种包装形式一直被中国人所使用

图2-57、图2-58：清，菜贝夹装《白伞盖轨经》，此佛经包装华丽考究，形式为仿效古印度佛经装帧形式，略作变化，称作"梵夹装"

图2-59～图2-61：20世纪70～80年代初的包装形式

鸦片战争以后，西方列强侵入中国，门户开放，洋货纷纷流入。同时西方的先进技术文化思想也传入中国，特别是彩色印刷术传入中国，各种彩色商标、包装箱盒的印制，给商品增添了色彩，提高了商品的知名度和销售量。新技术、新材料的广泛使用都为包装行业的发展注入了强心剂。

4. 包装的现代化阶段——消费心理的提升与环保观念的深入

我国的包装有着辉煌历史，但由于封建社会的长期闭关自守以及解放初期生产力水平的低下使得包装的整体水平一直处于十分落后的位置。在商品贸易中的作用较轻，包装装潢也不能形成独立的体系。我国从建国初期到20世纪80年代，由于忽视包装产业的发展而使出口商品面临过"一等质量，二等包装、三等价格"的尴尬局面。我国产业界每年因为包装设计不合理而损失的商品价值仍然高达上百亿元（图2-59～图2-61）。自改革开放以来，随着各项政策的实施，国际间各个领域的沟通与交流，促进了我国经济的空前发展。世界先进国家的高档次商品潮涌般涌入国内市场，让国人大开眼界；国外先进技术、先进设备的引进，使得我国生产水平有了大改观，产品品种日益丰富，产品质量迅速提高。因此，无论是消费者还是企业家都迫不及待的要求包装装潢走上新的境界，以适应刻不容缓的客观现实的要求——高品位、高档次。诱人的包装影响着消费者的购买决策，不仅实现了产品本身的价值，更大大提升了产品的附加值。此时包装事业在繁荣市场、促进经济发展上起到了举足轻重的作用，实现商品销售真正成了商品包装的根本目的。

19世纪末到20世纪初，酚醛、聚乙烯、聚苯乙烯等塑料材料的相继问世，标志着商品的包装进入了现代化阶段。随着社会的进步与发展，包装的功能也随时代的变化而变化着，除了功能的需求外，契合消费者的消费心理成为重要的环节。现代化的销售模式已经使得包装成为消费者实施购买行为的重要依据之一。超级市场成为现今零售业的主要模式，包装在越来越激烈的市场竞争中担当着重要的角色，它担负着与竞争对手比吸引力、比说服力、比形象力的使命（图2-62~图2-65）。

环保问题是当今全世界都关注的主要问题，其中包装的环保性也得到了人类社会的认识与关注。新材料、新技术的发展为包装提供了空前发展的空间，但是，方便有效的同时也带来了负面的灾难——资源的浪费和环境的污染等现实的问题摆在我们面前。人类社会已经意识到文明的发展与提高，必须与保护资源和保护环境的意识相协调、共同发展；必须采用一切科学有效的手段研究和利用可循环资源来创造新型和环保材料，以用来创造合理、科学的包装形式，满足商品社会日益发展的包装需求。只有这样包装事业才可能沿着可持续发展的方向走下去。

现今，电子技术及其他科学技术手段的运用使包装装潢从设计、印刷到市场营销，都发展到了高水平的阶段。包装已经涉及到了社会学、美学、生理学、心理学、经济学、市场学、销售学、材料学等学科。这就要求设计师们除了具备本学科精湛的艺术修养和丰富的表现手段之外，还应更多更快地积累其他学科知识，并及时掌握了解不断变化的经济脉搏和包装装潢的发展趋向，让自己的设计思想始终立于超前的位置。设计师要根据我国的国情，从实际出发，本着造型美观、实用、符合环保要求，利于回收的原则，以包装的环境性、功能性、经济性三者统一的设计原则来对待我们所做的包装设计。

回顾历史，我们不难发现包装设计的发展始于人们的需求。历史变迁、社会发展、工业革命、生活方式的转变、新技术新材料的发明都在影响着包装设计的发展与进步。虽然还没有一个主题或方法来概括包装设计的现状，但"简约"的设计理念正在或将持续地推广下去（图2-66~图2-72）。

图2-62~图2-65：现代包装形式

图2-66~图2-72：现代简约、环保的包装形式

二、包装的未来与创新

不同的时代,不同的需求,不同的商品包装设计。当今世界巨大的发展变化要求包装设计者必须坚持创新设计、张扬个性和魅力;融合文化、沟通民族与世界;提升品位、彰显内涵和审美,要关怀人性,迎合时代发展及需求。只有这样才能使自己的作品永葆无限的魅力,因而包装的未来发展应该符合以下几点要求:

1. 未来包装要适合于环境保护的绿色设计要求

水灾、地震、酸雨、水土流失、草原退化、水源枯竭等自然灾害的逐年增加,甚至更有愈演愈烈的趋势。经济的快速发展,加快了对自然生态环境的破坏;人民生活水平的提高,各种包装固体废物随着人们对商品需求量的增加而增多,被丢弃的包装固体废物加剧了对环境的污染!面对这样日益突显的环境问题,使得人类陷入了思考。20世纪六七十年代以来,人类就开始意识到传统生产方式高强度地消耗着自然资源,特别是近半个世纪人类对自然生态资源的乱砍乱伐和过度的消费,使生态遭受到前所未有的破坏,加快了自然灾害发生。保护环境维护自然生态的平衡、节约能源、减少污染的热潮从西方发达国家掀起,这股热潮也影响到了我国。近些年来我国政府也提出了"低碳生活"的口号,这将有利于保持自然环境的原生态,保持我国经济的可持续性发展。注重节能减排的低碳生活方式也在呼唤着生活用品的"低碳设计",这就要求在设计产品包装时,

始终秉承节约原则,使包装在满足了安全性、便携性及舒适性等功能要求以外,更要符合环境保护和资源再生的要求。促进包装业的可持续发展,促进人类与自然生态环境的共同繁荣,就成为我们大家面临的共同问题,同时也成为包装设计师必须思考的首要课题。

2. 未来包装要适合于突出商品个性化差异设计要求

当前,个性化已经是营销手段的重要策略,个性化的思想已经延伸到各行各业。包装设计在产品的销售过程中担当了重要的宣传媒介,个性特征会加强消费者对其包装产品的认识。个性化包装设计是一种牵涉广泛而影响较大的设计方法,主要是针对超市、仓储式销售等因销售环境、场地的不同而采用的不同的设计方法。超市作为商品销售的集中点,是产品的内在质量和外部包装优劣的最终检验场所,所以包装设计的个性优势同样在此展现出来。时代在不断地发展,设计师要有较强的社会洞察力,要密切关注社会的发展,了解人们的需求;要以敏锐的视点关注包装设计思潮以及包括印刷技术及印刷设备的更新、材料的更新的问题。只有把握好时代的脉搏才可能走在设计的前沿。个性鲜明、突出、视觉效果强烈的包装设计必定会在琳琅满目的货架上引起消费者的兴趣,被消费者接受。

3. 未来包装要适合于电子商务销售的现代商品包装模式的要求

网络作为传递信息的载体,已渗透到全球的每一个角落,需求与分配的组织化已不分国家、市场、投资、贸易等大小,一律将通过网络来完成,按照网络秩序来活动。电子商务是销售的新型工具,互联网零售业在我国已经存在了十多年,正如"淘宝网"深受人们的喜爱一样。它让网络购物变得如此简单、安全、可信,不受时间和地点的约束。不过,由于网上购物提供的是完全不同的顾客体验和环境,许多传统企业正面临挑战,网络技术彻底改变了顾客的消费行为和消费方式,包装装潢的促销功能也将随之被淡化。社会进入到电子商务时代,使商务活动变得电子化、信息化、网络化、虚拟化。那么,网上产品包装也从实物转向了虚拟,所以对包装的功能也提出了新的要求,随之商品的包装设计也遇到了新的问题。在网上购物时,顾客不能接触产品,也不能在电脑空间中仔细地观察包装。因此,网上的包装如何包装产品、如何说服顾客、如何让它发挥在超市货架上"无形推销员"的作用呢?这个问题在电子商务中非常重要,因为网上包装的介绍不仅能提高访问者的数量,而且还能增加电子商务购买者的数量。针对现状我们设计师应该重新评价网上包装是否能够有效地辅助电子商务,研究出适应电子时代的包装设计战略,是值得研究的一个新课题。

4. 未来包装要适合于防伪的包装设计要求

随着防伪技术的发展和用户包装防伪要求的日益高涨,防伪包装成为包装企业和包装使用者谈论得越来越多的话题。现代科技的高速发达,一般的包装防伪技术对造假者已产生不了作用。他们与市场上的名牌产品的包装以细微的变化来

混淆视听，如五粮液酒厂生产的金六福酒被一家小厂仿制成"金大福"，他们直接利用高精度的扫描仪获取金六福酒包装的设计效果图，再通过photoshop等图形软件进行加工处理，把"六"改成"大"，保持整体效果不变，使消费者在初看之时不易察觉所做的改动，以次充好，以假乱真！

所以，市场需求也在刺激包装防伪技术的不断进步，也使包装制作企业不断开发新产品，并积极与专业防伪企业联合，满足企业包装个性化的要求。防伪包装从最初的"贴膏药"（加贴防伪标识）的方式正在向包装材料防伪和包装设计防伪印刷方向转变。我们在市场上会看到很多商品在包装盒上加贴防伪标签和防伪防揭封条，如：乐百氏采用了独特的封箱带、清华同方电脑采用了封口标签；有的在包装盒外使用激光全息薄膜封装，如：联合利华的高露洁牌牙膏采用激光全息薄膜；有的则利用包装盒内容物进行防伪，如：西安制药厂利君沙的水印纸说明书，交大昂立口服液的水印纸说明书；有的对包装容器本身进行专利设计以达到防伪的目的，如：乐百氏儿童饮品采用了独有的旋风盖、酒鬼酒在瓶身和瓶口上直接进行防伪设计等等；有的包装材料本身使用特殊或特制的包装纸进行防伪，如：分层染色防伪纸板；还有的在包装盒上局部采用定位烫印全息图像技术或与包装材料合而为一的特殊标识技术——压纹技术进行防伪，如：芙蓉王、云烟、大红鹰、泸州大曲等烟酒包装，感康片剂的包装盒均采用了这种技术等。

综上所述，大家可以看到商家、印刷企业和设计公司等部门为防伪做出的努力，使那些假冒伪劣商品因复制成本过高或效果不逼真，而遭击退。那么，包装防伪是产品防伪的第一道防线，做好综合防伪则是未来防伪的发展趋势。因此包装设计的创新方法与融汇高新科技成果的印刷工业技术强强联手，追求精辟独到的原创性和独特视觉效果是未来包装业可持续发展的又一方向！

第**3**章

原生态包装设计与现代消费市场的关系

在中国儒家的"天人合一"、道家的"道法自然"、佛家的"缘起论"等人与自然共生共存的生态哲学思想影响下，古人创造的原生态包装形式，经过几千年的演变流行至今，依然被人们所喜爱和使用，这说明原生态包装具有符合时代发展的特质。本章从中国古代传统生态包装产生的历史背景入手，通过对包装形式演变过程的分析，阐述了原生态包装是倡导绿色设计理念的新世纪包装发展的必然趋势，倡导并推动人们树立绿色的消费观念。

一、原生态包装的概念及其产生的背景

1. 原生态包装的概念

"原生态"这个新生的文化名词，是从自然科学上借鉴而来的。"生态"是生物和环境之间相互影响的一种生存发展状态，"原生态"就是自然状态下的、未受人为影响和干扰的原始生态或生态原状。原生态包装，顾名思义，就是没有被特殊雕琢，以原始形态存在于民间的、散发着乡土气息的、与环境友好共存的包装形式。

图3-1、图3-2：天然材料在民间风俗活动中的应用

原生态包装最初的灵感来自于大自然，是古代先民根据环境的特点和生存的需要创出来的包装形式。原生态包装具有两个方面的内涵：首先，它的原始形态是前工业时代的产物，具有天然、朴拙的特点，部分还带有少数民族的地域特色；其次，它的概念还可以延展到"绿色包装"或"环境之友包装"领域，它自身的材料以及包装方式对生态环境不造成污染，对人体健康不造成危害，能循环和再生利用。

2. 原生态包装产生的背景

我国原生态包装的产生历史悠久，是伴随着人类维持生存的需要所进行的最为初级的容器包装而出现的。它的产生受到地理环境、自然资源和人文思想的影响，与传统的生活方式和民间习俗有着密切的关系（图3-1、图3-2）。中国地大物博、自然资源丰富，原生态包装在材料的选择上占有独特的优势，人们就地取材，充分利用天然材料来包裹物品。从材料的选择上看，古代劳动人民从身边

的自然环境中发现了许多天然的包装材料，如叶、木、竹、藤、草、麻、棉、葫芦、贝壳、龟壳等。如中国的传统食品粽子，其包装材质粽叶即取之于自然，粽叶不但具有包裹保护的作用，在蒸煮的过程中将粽叶的清香味渗透到糯米中让粽子的味道更加独特，粽叶的材料透气，延长了粽子的保存时间，用后的粽叶还可以回收再用，这种形式的包装一直沿用至今，深受百姓的喜爱（图3-3）。

图3-3：传统以天然箬叶包裹的粽子

在我国的一些茶区还利用竹叶包裹茶叶，以保持茶叶不变质，而且茶叶还能有一股竹叶的清香（图3-4）；除了用竹叶以外，人们还有的用草绳打结、麻绳捆扎的方法来包装易碎的日用物品；用竹木编成各种盘、筐、箩、篮容器来盛放食物等（图3-5～图3-8）。这些方法与中国古代的自然资源丰富及生态思想相融合而联系紧密。原生态包装不仅充分体现了人与自然和谐共处的思想，更能体现出人类在生产生活中的创造力和对大自然的支配力。例如，陶器的出现，意味着人类对水、火和泥土的征服，是在具备了一定的技术条件下有能力改造物质环境的结果。我国早在8000多年前，就开始使用有少量纹饰、器形简单的陶器来盛水和稻谷等物，这些陶器就是包装的原始形态之一。随着时间的推移，装酒逐渐成了陶器的一项主要功能，中国人普遍相信只有用陶器承装的酒，才能长期保证其独有的醇香（图3-9）。我国的茅台陈酿酒、酒鬼酒等至今仍然在使用陶瓷容器，在符合生态要求的同时，也丰富了酒的品质和内涵。除陶器外，瓷器、青铜器、漆器等也被广为应用。古代劳动人民通过掌握天然材料的特性并合理科学地应用于包装设计之中，以用材合理、制作巧妙以及装饰造型的美感充分体现了形式与功能的完美统一，对于我们今天的包装设计仍然具有很大的借鉴作用。

图3-4：我国少数民族的七块圆茶饼用竹壳包装在一起，被称做"七子茶饼"

图3-5：传统稻草捆扎日用瓷的包装形式

二、原生态包装设计的追求与确立

在商品化社会，只要有人类活动的地方，包装就伴随商品散布到各处。随着我国包装工业的持续高速发展，包装物所造成的污染日益严重，主要体现在塑料材料对环境的危害和过度包装带来的资源浪费。在新的情况下，原生态包装材料的优势大大显现出来。

我们对于原生态包装的追求并不意味着完全回归过去，盲目地追求会忽略它所存在的缺点和不足。传统的原生态包装由于受条件的制约，其卫生性、防腐性、美观性、适量性都存在不少问题。因此一方面必须适应现代消费市场和消费理念的需要，把传统材料与现代材料相结合，加强包装的防腐功能，达到延长食品保鲜期的目的；同时设计师必须走出只注重传统材料的应用和表现，而忽略产品包装其他信息的传达和功能表现的误区，做到结构合理、材料环保，信息准确，形式独特，才能设计出具有市场竞争力的好的包装来。

图3-6：纸裹绳捆瓷勺的　　图3-7：藤条编织的
包装形式　　　　　　　包装形式

1.现代消费市场中原生态包装可持续发展概念的体现

在人类文明迅速发展的过程中，出现了以牺牲人类自身生存环境之后，过度向自然索取的现象。经历了自然灾害对人类无情还击的种种曲折和磨难，人类终

图3-8：传统陶瓷　　图3-9：竹编的篓
做容器并用麻绳
捆扎的白酒包装

图3-10：谷类产品包装

图3-11：唐琪小铺五粮粽包装

图3-12：日本风流堂的产品水羊羹包装

于醒悟过来，并认识到环境与发展两者必须协调统一。人类"只有一个地球"，我们必须爱护它！必须共同关心和解决全球性的环境问题，开创一条人类通向未来的新的发展途径——走可持续发展之路。

我国一些有前瞻性的企业顺应环境可持续发展的要求，正在开发原生态的包装。北大荒米业有限公司推出的用稻壳和稻草制成的新包装，虽然成本比塑料包装略高一些，但透气性好，无毒无味，不会给大米带来二次污染。现在家乐福、麦德隆、新一佳、好又多等超市都看好了这种包装的产品，并和生产者建立了合作关系；又如，图3-10为一个谷类的品牌，产品的包装利用中国传统的生态包装方式进行设计，把传统的麻袋保鲜方法用到了现代包装中，其材料可降解回收。这种传统风格的运用使得包装的视觉效果古朴大气。

2. 现代消费市场中原生态包装绿色设计理念的体现

原生态包装是中华文明历经几千年传承下来的，其选材完全来自于中国丰富的自然资源，与20世纪70年代中期提出的绿色设计理念不谋而和。绿色设计理念提倡在设计阶段就将环境因素和预防污染的措施纳入产品设计之中，将环境性能作为产品的设计目标和出发点，力求使产品对环境的影响降为最小。中国的唐琪小铺五粮粽的包装，它将竹条编成网，然后将其做成类似粽子的三角造型，中间承载产品。大红底的产品吊牌传达着商品信息。竹条的质地、色彩、包括编织手法都保持着原始形态，不加任何多余的装饰。其浑身上下都透露着自然、绿色的气息，给人的感觉是如此的亲切（图3-11）。日本风流堂的产品水羊羹利用竹子自然分成的节段来作食品的容器（图3-12），绿色的新鲜竹叶盖住一端开口的竹筒，竹筒内装水羊羹。竹子易降解又可再生，加工中可以不使用或较少使用黏合剂，最大限度地减少了化学品对环境的污染；竹子的坚韧对包装物品也起到很好的保护作用；竹子的外观、质地、色彩与具有民族化特色的红色标签相融合形成一个和谐的整体，表达了良好的环保健康信息。同时，竹子的外观笔直挺拔，给人感觉生命力旺盛，坚韧不屈，从一个层面上向人们展示健康向上的精神，这不得不让人叹服设计师的巧思。

绿色设计的核心是"3R"，即Reduce（减量化）、Recycle（再循环）、Reuse（重复利用），不仅要减少物质和能源的消耗，减少有害物质的排放，而且要使产品及零部件能够方便地分类回收并再生循环重新利用。德国、荷兰、丹麦等国的企业投入了更多的资金用于绿色设计。"Re Use Re Fill"的呼声逐渐在世界各地得到响应，许多大型企业都随时代的发展而更新生产方式，将产品设计中的环保意识提到了战略地位。一些国家精心设计出了拆装容易但又不需胶带的可重复使用的"搬家专用纸箱"，与之形成对比的是，中国很多纸箱生产厂家粗制滥造，搬家的纸箱用一次就扔掉了，很少有人想到回收和环保。

当今设计师的责任是利用纯正天然的材质对包装设计进行革命化的改良，使之能融入生态系统的大循环之中，使其材质能以系统接受的方式取之于自然又回归于自然，从而获得再生利用的机会。那种强索于自然，又以垃圾的形式抛回给自然的做法，最后只能以毁坏我们生存环境的悲剧而告终。

3. 国际原生态设计的发展带来的启示

在各国纷纷倡导新的绿色设计理念过程中，我们的邻国日本无论经济发展速度和环境保护都位于世界前列。他们在产品包装设计上特别注重原生态包装的设计和应用。

图3-13：日本"无公害香米"的包装设计

图3-13：日本"无公害香米"包装设计的突出之处在于对包装材料的选择，它体现了从产品到包装的原生态绿色环保性。设计师选用了牛皮纸作为内包装材料，选用牛皮卡纸作为外包装材料，与以往的尼龙袋相比，牛皮纸造价低廉，而且更容易回收和降解。根据现代人们生活饮食习惯的转变，一改传统大米包装袋的大体积、不容易装卸和搬运的问题，设计师将大米进行了瘦身包装，整体效果给消费者带来天然、绿色、干净、安全、高品质的心理感受。

日本传统产品米酒、礼品、糕点、陶瓷等产品的包装，具有相当鲜明的民族特征。从日本的包装设计发展趋势看到，关注生态保护的新设计思维已经渗透在日本的包装设计中。再如图3-14，它是日式的午餐套餐包装。据说从前在日本农村，农民向途经的旅客销售的午餐套餐是把饭团和腌萝卜放在竹叶里包好。现代的午餐套餐包装的灵感就来源于此，古市庵生产的午餐套餐，就用竹叶包装三种不同口味的饭团，捆绳材料选用的也是竹叶。它不仅把竹子的香气传入了米饭中，更把竹叶所代表的民间、天然、纯朴、新鲜的感觉融入到了产品之中，提升了产品的品质和可信任度。

随着人们环保意识在整个社会中的提高，人们的消费观念发生了改变。在商品的选择上注重选择节约能源和材料可重复再利用的包装设计，体现绿色环保概念的商品包装成为了消费者的首选。

我国把建设资源节约型和环境友好型社会，确定为国民经济与社会发展的一项战略任务。而建设环境友好型社会的一项重要任务就是积极倡导环境友好的消费方式。在包装业，传播原生态包装理念、促进原生态包装发展是每个从业者的责任。

图3-14：日式盒饭套餐包装

三、原生态包装符合现代人的审美观

人类在满足了基本物质生活需求以后，就会转向相应的情感方面的需求，原生态包装在极大程度上应和了现代人希望回归自然，崇尚生态健康的生活方式的情感需求。

"酒鬼酒"的包装把现代包装与传统形式巧妙结合，从传统的麻袋编织物中获取灵感，将麻织物的天然肌理和形态覆于陶瓷之上，并用麻绳在瓶口进行捆扎，具有很强的乡土特色。再加上黄永玉先生题写的"酒鬼"牌名，使产品的整体包装古色古香，人情味极浓。酒鬼酒包装设计的成功充分说明，浓郁的民族特色和对传统的回归，使原生态包装更容易让本民族的消费者在情感上产生共鸣而拥有购买的兴趣，也容易让不同文化地域的消费者感到新鲜而产生购买冲动。

四、发达国家的绿色包装消费

欧洲绿色商品包装消费观念早已深入人心，消费者能够从环保角度自觉考虑消费问题。这些国家注重生态包装的设计和运用，包装材料减量化，使用天然和可再生的材料，不但使得包装食品安全性提高，也增强了商品的原生态和天然的美感。"在德国无论葡萄酒还是威士忌大部分都是简单包装，省去了包装盒。购物时多数人用布袋和枝条筐，而超市的塑料袋一般都是要高价购买的。他们购买商品的选择依据有4条：包装少、加工简单；污染少、有利生态；不严重剥削劳工、不侵害当地居民生存权；不含或少含有害化学成分。

发达国家现在处于一种绿色消费的良性循环中，消费者在关注环境保护，欢迎环保包装商品的同时，各国的包装设计师也开展了形式多样的绿色设计行动。他们倡导"绿色消费指南"，使社会各界了解与支持绿色设计；引导"绿色资本家"在保护环境的情况下获得利润（图3-15）。

图3-15：绿色包装良性循环系统示意图

五、原生态包装在我国成为时尚元素

20世纪八九十年代的中国包装业迅猛发展，中国包装经历了半个世纪的发展，各种不同形式的包装已经丰富着消费市场。我们在享受现代包装设计文明的同时，不知不觉中也给环境造成了影响和破坏，使得人与自然变得疏离。我国包装工业一直以来都处于持续高速发展阶段，对环境造成的破坏越来越严重。现代包装采用的原料，如纸、塑料、玻璃和金属对环境的影响有目共睹。在商品化社会，只要有人类活动的地方，包装就伴随商品散布到各处，所以污染无处不在。

但随着人们的环保价值观发生改变，设计界提出"设计尊重自然"的生态设计运动口号。另外，生活崇尚"简单的幸福"的年轻消费群崛起，正在改变着整个社会的消费结构和消费习惯，与环保理念相背离的过度包装设计需要彻底地摈弃。随之，原生态生活与消费的概念深入社会的各个领域。

基于白色污染的日益恶化，中国政府颁布了限塑令：在所有超市、商场、集贸市场等商品零售场所一律不得免费提供塑料购物袋。在全国范围内禁止生产、销售、使用厚度小于 0.025毫米的塑料购物袋，以法规的形式倡导减少使用不可降解的、非绿色的包装材料，加快了推行社会环保的进程。

现在人们正在慢慢习惯在购物中使用棉麻购物袋，棉麻购物袋也应该算作原生态包装的范畴。一些注重创意的设计公司瞄准了这一市场需求，开始设计一些别具匠心的棉麻购物袋，一种新的流行趋势得以产生，绿色概念在我国正在成为时尚、时髦的构成要素，原生态包装在这一趋势中扮演了重要的角色。

六、原生态包装的传承与发展

原生态包装的传统材料和包装形式在我国已存在上千年，但如何去传承与发扬它，以适应现代消费市场和消费理念的需要，是我们现代设计师所要思考的问题。如何找到现代与传统表现的契合点将是一个挑战。传统材料如何与现代材料相结合，以达到延长食品的保鲜期和防腐功能十分重要；又如，如何避免设计师走入只注重传统材料应用，而忽略了产品包装其他信息的表现的误区，也是一个重点。总之，只有做到结构合理、材料选择环保，产品信息传达准确，表现形式独特，才能设计出具有市场竞争力的包装。

原生态包装形式给我们一个启示，只有按照自然规律产生出来的设计才能经得起时间的考验，任何以破坏自然为代价的设计都是短命的。在如今全球受到经济危机威胁的大背景下，原生态包装更符合人们在经济危机条件下生活从简的趋势和需求。我国人民的绿色环保意识在不断地增加，已经开始进入了绿色消费时代，我们的设计师也会更加努力，为原生态包装的设计做出贡献。

中国5000年文明博大精深，56个民族流传下来的顺应自然规律、符合人与自然和谐共处的原生态包装不胜枚举。在人们绿色环保意识增强的今天，中国将进入绿色消费时代。了解掌握第一手的原生态包装理念与形式，结合现代人的消费观念和审美情趣，设计出可以进行市场推广的、具有中国特色的绿色环保包装作品是我们面临的重要任务（图3-16～图3-22）。

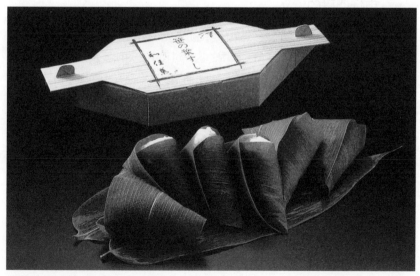

图3-16～图3-22：优秀的原生态包装设计

第4章

包装设计的流程与操作

商品在生产线上生产出来并不是最终的目的，使其进入市场进行流通产生经济效益才是真正的目的。包装从生产出来直到消费者的手中，是一个科学、严谨、复杂的系统工程，有产品研发、市场开发、营销策划、市场调研、包装设计、出片打样、印刷加工、后期制作、市场评估、市场流通、广告宣传、分销零售、售后服务、包装回收等许多环节，是许多部门共同协作完成的结果。在这个重大的系统工程中，包装设计是其中的一个重要的环节，在整个销售活动中起着承接的作用。它的成功与否直接影响产品的最终销售结果。在这个包装设计工程中，各个环节之间的衔接与协调是很关键的，是使整个系统工程得以顺利完成的保障。对于设计师而言，一方面一定要牢固掌握本专业的包装知识，另一方面，还要求学生对印前和印后的各个环节的知识和工艺加以理解和掌握，包括对设备和工艺的及时更新情况，这些都是有助于设计师完整完成一项包装设计工作的必备的重要条件，使包装设计适应工艺要求，更好地体现设计意图，体现市场价值。包装设计的核心就是解决视觉传达问题，无论是推出新产品还是对旧有包装的再设计都要经过市场调研分析、设计策划定位、设计创意构思、制作方案、提交方案客户确认、出片打样、确定印刷工艺和制作技术等相关问题的过程。

现代包装设计的流程基本上可以分为设计前期、设计操作中期、设计制作后期三个阶段，其中前期和后期的工作是要和其他的相关部门协同合作来完成的。设计前期包括：市场调研分析、设计策划定位；设计操作中期包括：设计创意构思、设计制作方案、提交方案客户确认；设计制作后期包括：出片打样、确定印刷工艺和制作技术。

一、市场调研分析

随着人们消费水平的提高，人们不仅重视产品的实用性，也对产品包装的结构造型、颜色搭配、材质质量等各个方面要求甚多。包装已经成为一种营销手段，通过包装向消费者及社会公众展示经营理念。然而，产品包装设计不能脱离人们的审美需求，不能脱离市场环境，因此，包装设计必须认真做好市场调研，在市场调查的前提下做好发展、创新工作。

1. 市场调研的定义

市场调研是一门应用学科，是20世纪初首先在美国逐渐发展起来的。是指对商品要从生产者手中达到消费者手中的这一过程中，对所要发生的有关市场问题的资料进行系统归类收集和整理，以便更清楚了解商品在现实市场和市场变化中所反映出的特质，研究未来市场需求的潜在机会及需求量和变化趋势，消费购买时的各种现象及商品与销售环境的关系。

2. 市场调研的作用

俗话说，没有调查就没有发言权。市场调研是产品开发的基础性、先导性工作，也是产品包装在设计之前必须先期做好的基础性工作之一。首先，市场调研是企业经营活动的前提。对企业而言，了解市场状况和需求程度是进行活动的第一步，也是决定产品打入市场的最关键的一步。所谓"好的开始，是成功的一半"。知道消费者需要什么，喜欢什么，习惯什么，这是企业需要通过调研来把握的。与此同理，包装设计也要面向市场，面向未来。新颖的设计不仅仅是市场促销、刺激消费，它还应该不断推出花样，引领新的时尚，不断创造高尚文化，促进人类物质消费和精神审美方面的发展。这些都必须从市场调研中获得新的信息和新的灵感。其次，市场调研能够促使企业提高经济效益，大量节约成本支出。一个新产品或新包装面市，如果不经过市场调研，仅凭设计者臆断消费者的消费习惯，很可能产生与市场需求的差距，把握不住市场。市场调研不仅可以使企业有目的、有针对性地进行新产品的定位和开发，而且可以避免因盲目投入而浪费时间、人力和财力。因此，科学的市场调研，投入小、产出大，是企业提高经济效益的主要方法。第三，市场调研有利于企业及时发现市场潜在的机遇和问题。企业能够生存和发展，完全取决于市场的需求和消费者对产品的好恶。那么，及时了解消费信息包括产品包装设计信息，就会做出及时调整，合理的定位，使产品更快更好地适应市场，使企业在发展空间上变得灵活；即使遇到问题，也能够成功避免风险，企业才能更好地生存和发展。总之，在市场经济条件下，市场调研不是可有可无的事，而是决策的前提和基础，是一个经营过程中必不可少的工作环节，是一项收益最大最值得进行的投资，是关系到企业生存和发展的大事，是一个应该引起企业领导人以及设计师高度重视的工作。尤其是对于设计师而言，前期的市场调研尤为重要，没有对市场深刻的了解和认识，没有做好较为系统的设计前期准备工作，在没有设计依据和设计目标的情况下来做设计，那是脱离实际的闭门造车，只会是徒劳无功，不会创造出适应市场的促进销售的良好的设计作品出来。

3. 市场调研的原则

市场调研对于设计环节而言十分重要，它是产品成功走向市场的一个关键性因素，没有市场调研的设计就如同中医大夫看病没有了"望、闻、切、问"，只有把握了问题所在才能对症下药进行诊治。市场调研应该在一定理论指导下，遵循一定的原则来进行。调研要以一定的理论为依托，带有目的和问题地去做调研，不能解决问题的调研则是无用的调研。同时，调研也要明确目的，要有针对性，但目标不易过多，否则调研就会变得空洞没有意义。另外，市场调研也是会花费很大的时间、精力和一定的费用的，只想少投入的调研可能是最费钱的调研，这是对一般市场调研的理论总结。结合产品包装设计的调研，一般应遵循以下几项原则：

(1) 时段性原则：一方面，从广义上讲，产品是时代发展的产物，那么产品的包装更是时代的风向标，它具有鲜明的时代特征。某一段时间内包装的款式、结构、材料、审美追求和生产工艺都代表着一个时代的潮流，也代表着人们的审美习惯、消费水平和科技生产的水平；另一方面，从狭义上讲，产品本身也有它的生命周期，如：出生期、生长期、旺盛期、衰退期等等。针对产品做包装设计，要明确它所处的生命周期，针对不同的时间段来准确把握调研方向、准确确定设计定位和设计方向，以及媒体推广形式等促销手段。总之，对一个产品的包装设计，应该从同类产品的包装历史沿革中找到它的发展趋势或发展方向后，在市场调研阶段明确产品包装每一个时段包装的特点，在弄清楚历史发展趋势的基础上，针对现实的时代需求，把握现时产品包装的特点和美学潮流，从而准确地得出反映鲜明时代特征的调查结论，为下一步的设计和市场媒体推广打下良好的基础。

(2) 客观性原则：作为一个产品的市场调研，按照国际通常做法是委托专门的市场调研机构进行专项调查。这种做法一般可以保证调研的客观性。但由于专业性较强的原因，目前作为产品包装设计的市场调研一般由设计公司的设计者来进行，这样的市场调研更有助于日后的设计贴近市场。不过，这种方式也存在一定的问题，设计者往往对某种设计风格有一定的偏好，而这种先入为主的偏好就会自觉不自觉地影响着调研的客观性。市场调研如果不能遵循调查的客观性，就失去了调研的本来意义。作为市场调研，一定要排除个人偏好，按照市场经济的理念，实事求是地研究消费者的习惯和消费市场，这是我们进行包装设计的前提。

(3) 系统性原则：市场调研是一项系统工程，主要包括：产品调研、销售调研、目标消费者相关背景的调研、消费者行为及消费意向的调研、竞争的调研等等。即便如产品包装设计这样有明确指向性的调研，也应该按照系统性的原则来组织调研。因为包装设计也是一项很系统的工程，它包括调研本身的目的、方式、范围、对象，分析统计的方式方法；包括包装产品的生产商的背景及产品资金投入；包括包装产品的消费群体、消费群体的年龄层次、文化背景、收入状况、消费习惯和审美习惯；包括同类产品包装的历史变化、产品特点、优劣情况、市场接纳程度；还包括包装

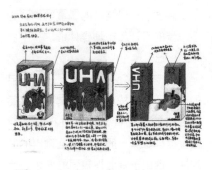

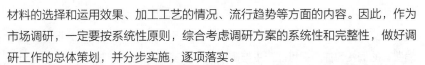

材料的选择和运用效果、加工工艺的情况、流行趋势等方面的内容。因此，作为市场调研，一定要按系统性原则，综合考虑调研方案的系统性和完整性，做好调研工作的总体策划，并分步实施，逐项落实。

市场调研不是为了调研而调研，很多搜集回来的数据需要进行分析，目的是需求市场现象背后商品成立的依据。这样才会真正掌握和了解市场状况，使设计有明确的目的和具体对象的针对，以期在设计包装之前建立起设计依据和目标，真实地对应市场需求，达到设计创造价值的根本目的。

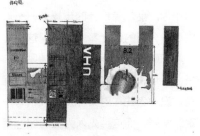

二、设计策划定位

包装的设计策划定位实施部门主要是由公司的市场部和策划部对设计项目进行理念和推广目标的定位。主要任务是根据市场调查所得出的结论来确定产品市场战略及市场推广情况，制定所涉及产品的市场切入点，根据目标消费层来确定销售方式和包装形象设计的突出点，还要结合产品定位和竞争对手的情况制定产品的特征、卖点、成本以及售价等等。对于包装设计环节来说，设计策划阶段的工作做得越详细、越具体、越准确，就越能提高包装设计的工作效率，越能加强设计定位的准确性、独特性。设计人员就不会再浪费时间去了解产品信息，可把精力集中放在设计的视觉表现上。

三、设计创意构思

通常在设计公司都会根据设计项目将设计人员分成设计小组来保证创意质量和方案的顺利实施。以小组为单位对设计项目进行讨论、完成不同设计风格的视觉表现和对包装结构、包装材料和加工工艺的合理把控，这样可以有效地发挥该设计小组的创意设计优势，提升设计效率在创意设计阶段应该尽可能多地提出设计方向和创意，通常是以设计草图的表现方式表现出来即可。但是对于设计草图也是有要求的，一般用立体视图及平面展开图的形式将设计的想法表现出来；设计草图还要尽可能准确地表现出包装的结构特征、编排构图形式、示意包装的色彩关系及工艺要求。在这些基础上经过设计小组的研讨以确定出切实可行的方案来并得以安排下一步深入设计方案的工作（图4-1～图4-7）。

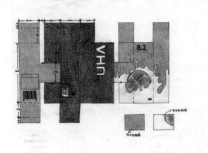

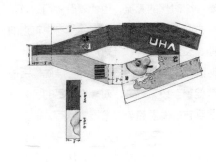

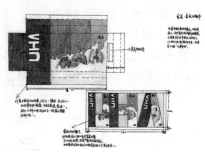

图4-1～图4-7：饮料包装草图

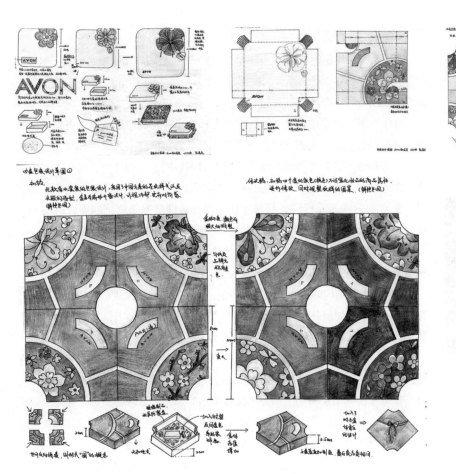

图4-8~图4-11：化妆品包装设计草图

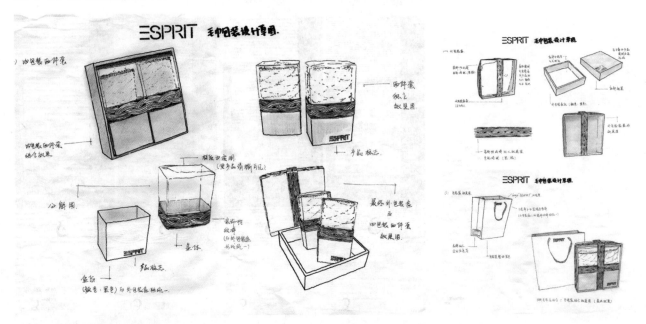

图4-12、图4-13：日用品包装设计草图

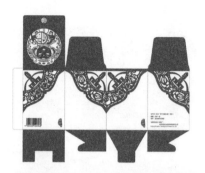

图4-14、图4-15：电脑制作平面展开图及立体效果图，来明确设计展示效果

四、设计制作方案

设计制作方案是对创意构思的具体表现，是要经过丰富构思、草图、电脑制图的具体化表现、设计方案稿的提案、立体效果稿的确认与修正、可实施方案的确定、联系印刷厂家和后期加工厂等方面一系列的工作。

具体地说，这个过程是设计师要根据挑选出来的创意设计草图进行设计操作和不断反复修改完善的一个实施过程。要结合实际成品的大小尺寸和比例关系对包装所涉及的各个体面中的各个细节做细致的表现和处理，包括图片（插图）的选择、构图关系、色彩关系、文字风格、版式排列等方面的工作。其中，文字部分中产品标识、品牌字体的设计最能显现出包装的整体风格和个性，其设计要符合产品的定位和属性，既有个性又不失可读性，要充分细致地勾勒出它的设计风格以备使用。同时广告语、功能性说明文字、相关符号的表现也要做好准备工作。

另外，包装结构的设计也很关键，设计师要将纸盒所呈现的风格做出具体的结构图，包括平面展开图也要表现出来，以便设计方案的实施。上述的这些工作完全可以用铅笔等手绘形式完成，同时施以彩铅等色彩关系。

在这些准备工作都做好之后，接下来就是设计的具体表现了，这个过程通常是借助于电脑来完成的。就是将准备好的各个设计要素按设计要求转化为电子文件，在电子的平面展开图上做好平面效果图的设计；然后还要做出立体的效果图，以求明确地展示效果，从而更加接近实际成品，直观性更强。设计师也可以通过立体的效果图来检验设计上和结构上的不足以便更好地修正。

经过反复调整完善后的设计图可以打印出来提交给公司设计部，并参加公司内部的方案评估、研讨会（图4-14～图4-19）。

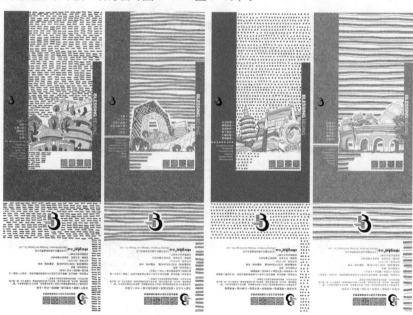

图4-16～图4-19：电脑制作完成的包装平面展开图

五、提交方案客户确认

在经过公司的研讨后挑选出2～3套优秀的设计方案进行推行，设计师可根据推行方案再次进行完善和深入。之后公司可能会采用数码打印等方法将设计方案打印出来并折叠成型（图4-20），为的是达到一个良好的表现效果提交给客户，以增强客户的通过率。值得注意的是，在这个过程公司会有较大的成本支出，因此推行方案不宜过多，而且方案如果提交得过多也会让客户眼花缭乱，难以定夺。我们把方案提交客户后通常会有两个结果，一个是客户非常满意，除了做细微调整以外没有其他大的修改；一个是全盘推翻，如果是这样的话公司的客服和策划部门就要重新与客户进行更加深入的沟通，进一步了解客户的真实想法后内部重新确立设计定位和制定新的创造方向，并再次提交新的设计方案直至客户通过。

图4-20：打样成型后的立体效果，来检验设计效果

六、出片打样

方案确定后需由甲方负责人签字认可，然后再按事先合同约定的数量进行印刷。印刷会牵扯到很多问题，一定要逐一确认：如，电子设计稿中所选用图的质量问题，一般图的质量应该在300dpi、CMYK四色、.tif格式来保证印刷清晰；文字要转换路径以免出现字体的缺失；专色、压印、起鼓、钉切、UV等需做特殊工艺版；打样时应从纸张供应商那里调配在实际印刷时所需的纸张进行打样，以保证效果的真实性。

七、确定印刷工艺和制作技术

甲方签样后乙方方可进行最终数量的印制工作，在印制期间设计公司里负责印刷的人员应全程监印，以保证如出现问题随时发现随时叫停，使损失降到最小。印刷工作顺利完成后将进行后期装订的工作。一般工艺的后期装订在印厂就可以完成，如有特殊的加工工艺可能还需要将印刷品送至专业的后期加工工厂来完成，要注意两个环节之间的衔接与配合。

总之，包装设计的流程是很系统很严谨的，各个环节之间只有协调配合好才能得以顺利进行，尤其对于设计师而言，除了完成设计本环节的工作外，还应对印刷工艺和技术有深入的了解和掌握；另外还要对后期加工工艺技术有所了解，以便保证自己的设计效果得以良好的实施与体现（图4-21～图4-26）。

八、交付客户验收与市场效果跟踪调查

包装设计印刷加工完成后即可交付客户验收，待客户将产品投放市场后设计公司应做市场的跟踪调查，掌握商家及消费者对包装的评价，确认包装在商品销售过程中带来的销售影响和优劣之处。

图4-21～图4-26：在包装设计中所涉及到的各种印刷工艺和加工工艺形式

第 5 章

包装设计的材料与应用

一、包装设计材料的性能

在包装设计中，了解材料的性能是非常重要的一环。它关系到包装材料选择的科学性和经济性、包装功能的有效性，是最终验证包装设计成功与否的关键。

1. 包装材料保护性能

商品在运输和储运的过程中，会受到很多外界环境和条件的影响，如水分、温度、光照、气味等，包装材料可以阻断外部环境对所包装物的保护，防止其被破坏；在商品的运输过程中为避免商品碰撞、振动或外力的冲击，选择合适的材料及合理的防震缓冲结构来保护商品，将损失降到最小；还有就是商品本身在长时间的存放下产生化学和物理反应，选择合理的包装材料可以防止商品的劣化变质，起到一定的保鲜作用。

2. 包装材料安全性能

材料的完整性可以避免各种有害物质、灰尘、虫害、霉变等对商品的侵入，避免造成不必要的卫生问题的出现；另外在材料的选择上应尽量选择造成公害小的材料。

3. 包装材料的便利性能

良好的包装材料可以起到方便商品运输和储存，方便堆码和装卸；在消费过程中起到使用便利的作用，方便保存和再利用；便于回收，且回收的处理成本付出较低。

4. 包装材料的加工性能

良好的材料适于机械加工，有一定的拉伸强度、抗裂强度，表面适于做工艺处理；适于印刷且具耐磨性；方便检测重量、尺寸、标准精度。

5. 包装材料的销售性能

良好的包装材料应该是实用、经济、不易变形的，且色彩的稳定性好。印刷效果良好，色彩表现真实，可很好地促进销售。

二、包装设计材料的分类与特征

现代包装所使用的材料是十分广泛的，包装设计中对材料的选择通常是以科学、经济、美观、适销为基本原则。随着现代科技的发展，包装材料的分类也在日益更新与丰富，目前主要分为五类：1. 纸包装材料；2. 塑料包装材料；3. 金属包装材料；4. 玻璃包装材料；5. 其他包装材料。

（一）纸包装材料

1. 纸的发展

最早的类似纸的材料是古埃及人在公元前3000年发明的一种草纸。第一张真正意义上的纸则是由中国人蔡伦在公元105年发明的，几百年后阿拉伯人将造纸术传到了欧洲。最初的纸所选用的材料为浸化的渔网、树皮、麻头敝布的植物纤维，将其捣烂加水做成纸浆，再用竹帘从水中捞起这些纤维物质，压榨水分后，晾干即成。现代纸大多采用木材制成，造纸的原理与古代造纸并无本质区别，但采用了大量现代科学技术，使纸的质量有较高的提升，品种层出不穷。在今天，纸包装材料被大量应用在现代包装设计中，无论是储运包装的"箱"或是销售包装中的"盒"，它们的基本选材都是纸和板纸。

2. 纸材料的特征

纸张以其独特的优点而长盛不衰，使纸包装成为现代包装材料的主流。作为设计者只有熟悉材料的特性与种类，才能更好地使用材料，为设计服务。

纸质材料特征如下：

(1) 由纤维组织形成纹路，有明显的方向性；

(2) 可塑性强，表面施压可以产生凹凸变化、易折叠易成型；

(3) 纸的基本原料是木浆，纤维松软，很容易切割，也易于粘接，加工方便；

(4) 有弹性，巧妙地利用弧线的作用，可设计出更新形态的包装；

(5) 它着色很强，更易于印刷，展示促销效果良好；

(6) 易与塑料等材料复合，形成新型的材料；

(7) 具有延展性，当纸被水浸泡后，纤维膨胀所致；

(8) 具有吸湿性；可燃性；

(9) 具有回收再利用的特点，有利于减少公害，节约资源；

(10) 生产原料丰富，成本低廉、重量轻，加工方便、易于运输和储运；

(11) 既适合大批量机械化生产，又可小规模半机械化和完全手工生产与加工；

(12) 纸质包装盒体多以折叠压平的形态从生产厂家被制造出来，因此占用空间少，运输和储存的成本低。

3. 纸包装材料的分类

纸包装材料基本上可以分为纸、纸板、瓦楞纸三大类。

(1) 纸

纸与纸板是按照定量（单位面积的重量）或厚度来区分的，但具体界限不是很明确（图5-1、图5-2）。

(2) 纸板

一般把定量在200g/m²以上，或厚度在0.3mm以上的纸张称为纸板。纸板由于其强大、易折叠加工的特点而成为产品销售包装纸盒的主要用材。纸板的种类有很多，厚度一般在0.3mm～1.1mm之间，因为小于0.3mm硬度不能满足要求，大于1.1mm则在加工上难度较大，不容易得到满意的压痕，也不易黏结等。

纸板中的复合纸板应用也越来越广泛，它是采用复合铝箔、聚乙烯、防油纸、蜡等其他材料复合加工而成的纸板，它赋予纸板防油、防水、保鲜等多种新的功能（图5-3～图5-7）。

(3) 瓦楞纸板

瓦楞纸板是主要由两个平行的面纸作为外面纸和内面纸，中间夹着通过瓦楞辊加工成波形的瓦楞芯纸，各个纸页由涂到瓦楞棱峰的粘合剂粘合到一起。瓦楞纸主要用于制作外包装箱，用于在流通环节中保护商品，也有较细的瓦楞纸可以用于商品的销售包装材料，或商品纸板包装的内衬，以起到加固保护的作用。瓦楞纸板的种类很多，有单面瓦楞纸板、双面瓦楞纸板、双层及多层瓦楞纸板等（图5-8～图5-10）。

图5-1、图5-2：包装材料以薄纸张为主的设计

图5-3～图5-7：以纸板为主的包装材料设计

图5-8～图5-10：包装材料以瓦楞纸为主的设计

（二）塑料包装材料

塑料包装材料也是目前应用较广泛的一种经济型包装材料，属人工合成的高分子材料。优点：作为包装材料具有良好的防水防潮性、耐油性、透明性、耐寒性、耐药性；而且成本经济，质量轻、可着色、易加工、成型丰富，也可以进行彩色印刷。缺点：透气性差、不耐高温、回收成本较高，对环境容易造成污染等。不过，随着化工技术的不断改进，这些缺点也会随之改良（图5-11~图5-17）。

（三）金属包装材料

金属包装材料也是深受人们喜欢的一种包装形式，多用于食品和家庭日用品的包装。它可以隔绝空气、光线、水汽和防止香气的散发，密闭性好，抗撞击，耐腐蚀，可以长时间保存食品，并且随着印制技术的发展，外观也越来越漂亮。现在常用的金属包装材料主要有马口铁皮、铝及铝箔和复合材料等几种（图5-18、图5-19）。

图5-11~图5-17：以塑料为主的包装材料设计

图5-18、图5-19：以金属为主的包装材料设计

（四）玻璃包装材料

玻璃具有高度的透明性及抗腐蚀性，与大多数化学品接触都不会发生材料性质的变化。其制造工艺简便，造型自由多变，硬度大，耐热、洁净、易清理，并具有可反复使用等特点。其缺点是重量大，运输储存成本较高，不耐冲击等（图5-20~图5-26）。

（五）其他包装材料

1. 原生态包装材料

这种材料的特性在前面已经做了详细的论述，在现代包装设计中已经得到设计师的重视，它浓郁的民族特色和对传统的回归以及在环保上做出的贡献已显现出来。不仅使本族的消费者在情感上产生了共鸣而刺激了购买的兴趣，也让不同文化地域的消费者感到新鲜而产生购买的冲动。在经济与文化越来越全球化的信息时代里，传承和发扬民族文化，提倡本土语言在现代设计中的应用，是时代的消费需求和文化趋势。

2. 新型环保材料

当今随着社会环保概念的加强，包装材料的研发和更新是一种新的课题。近期为缓解白色污染的情况而研制的最新材料层出不穷，并被包装设计师得以很好的应用。

（1）秸秆容器：这是利用废弃农作物秸秆等天然植物纤维，添加符合食品包装材料卫生标准的安全无毒成型剂，经独特工艺和成型方法制造的可完全降解的绿色环保产品。该产品耐油、耐热、耐酸碱、耐冷冻，价格低于纸制品。不仅杜绝了白色污染，也为秸秆的综合利用提供了一条有效的途径。

（2）真菌薄膜：在普通食品包装薄膜表面涂覆一层特殊涂层，使其具有鉴别食物是否新鲜，有害细菌含量是否超出食品卫生标准的功能。

（3）玉米塑料：它是美国科研人员研制出的一种易于分解的玉米塑料包装

图5-20~图5-26：以玻璃为主的包装材料设计

图5-27：玻璃与天然材料的结合，形象鲜明的质感肌理产生对比

图5-28：麻布材料的应用呈现出粗犷、自然的感觉

材料，是玉米粉掺入聚乙烯后制成的。它能在水中迅速溶解，可避免污染和病毒的接触侵蚀。

（4）油菜塑料：是最近英国研制成功的，它是从制作生物聚合物的细菌中提取了三种能产生塑料的基因，再转移到油菜的植株中。经过一段时间便产生一种塑料性聚合物液，再经提炼加工便可成为油菜塑料。弃后能自行分解，没有污染残留物。

（5）小麦塑料：这是小麦粉面添加甘油、甘醇、聚硅油等混合而成。它是一种半透明的可塑性塑料薄膜，能由微生物加以分解。

（6）木粉塑料：由日本科技人员从松木的粉中制取多元醇，与异氰酸酯发生反应后生成聚氨酯。这种木粉塑料包装材料抗热能力较强，并可被生物分解。

（7）CT：这是在聚丙、乙烯塑料中加入大约一半数量的产自我国辽宁的滑石粉而制成的新复合材料。它不仅具有耐高温的特点，而且它的功能相当于PSP泡沫塑料制品，体积小于它的3倍。缓解了因体积庞大而产生的运输、储存、回收等问题。

在包装材料上的革新还有，如：用于隔热、防震、防冲击和易腐烂的纸浆模塑的包装材料；植物果壳合成树脂混合物制成的易分解的材料；天然淀粉包装材料等等。在包装的设计上要选择后期易分解的环保材料，尽量采用质量轻、体积小、易压碎或压扁、易分离的材料；尽量多采用不受生物及化学作用就易退化的材料，在保证包装的保护、运输、储藏和销售功能时，尽量减少材料的使用总量等。

图5-29：丝织物包装材料的应用，呈现多种形态，亲近自然

图5-30：纸质包装材料呈现出无穷魅力

第6章
包装结构设计与制作

一、学习的目的与要求

　　包装结构设计在包装整体功能的体现中至关重要，它既要严谨又要科学。设计师要在包装的结构上狠下功夫才行，它既是体现包装基本功能的关键，也是检验一个设计师水平高低的重要标准。一个优秀的包装结构设计除了要充分体现它对商品的保护功能外，还要便于商家对商品的储运与展示；也要便于消费者的使用操作，如开启关闭是否便利；另外还要达到通过结构的新颖独特性来吸引消费者、刺激购买欲、促进商品的销售要求；还要体现出实现结构时对材料的有效应用性，进行合理的成本核算等等。

　　鉴于以上的重要性就要求设计师必须掌握足够的结构知识，以科学、经济、适用的标准完成设计以适应社会的要求。目前市场上所应用的包装材料多种多样，但对于纸类材料的应用最为广泛，因为它有很多其他材料所不可替代的特点。关于纸的特点在前面的章节中已经做了详细的阐述，不再赘述。所以本书包装结构的重点放在纸质材料的结构讲析上。

二、纸盒包装结构设计

1. 纸盒设计原则和依据

　　纸盒直接与商品接触，如何保护、促进销售、方便使用商品等方面的问题比较复杂。纸盒设计要针对以下几方面多做充分的考虑，从产品功能出发，确定合理的造型结构，完美的形式，选择适当的材料。

　　(1) 要考虑符合产品自身的性质

　　对于易碎怕压的商品，应该采用抗压性能较好的包装材料及结构，或者再加上内衬垫结构，来确保商品的完整性。对于怕光的商品需做避光的处理，如胶卷类的包装就需要密闭的结构和避光的材料，纸盒内的黑色塑料瓶的使用就是为了达到这个目的；再如，鲜鸡蛋的包装，盒体通常采用的是一次成型的再生纸浆容器来盛放鸡蛋，抗压性好，减少碰撞与挤压带来的损失（图6-1~图6-3）。

　　(2) 要考虑符合商品的形态与重量

　　商品的形态多以固体、液体、膏体为主，不同的形态和体积所产生的重量不同，对包装结构底部的承受力的要求也是有区别的。比如，液体的商品通常采用的容器为玻璃瓶，重量较大，要注意包装结构底部的承受力，以防商品的脱落，所以多采用别插底和预粘式自动底。许多玻璃器皿、瓷器等还要添加隔板保护避

图6-1~图6-3

图6-4～图6-6

图6-7

免互相碰撞；还有，固体的商品包装结构要便于商品的装填和取用，盒盖的设计非常重要，既要便于开启又要具有锁扣的功能，避免商品脱离包装。小家电、组装饮料等商品有一定的重量，就要考虑采用手提式包装结构，以便于消费者携带。如电饭锅、DVD机等。因此，商品的形态与重量决定了采用不同形式的盒盖和盒底（图6-4～图6-6）。

（3）要考虑符合商品的用途

商品的用途和消费群体的不同也对包装的结构有不同的要求，设计师对这一点也要做充分的考虑。对于多次使用、长时间使用或食用的商品，在视觉上不仅要频繁刺激消费者，而且还要重复多次开启闭合包装，对其结构设计就要求追求美观性、耐用性；对于一次使用或食用的商品，消费者会打开后继而弃之，在结构的要求上相对就简洁些；对于儿童用品的包装结构的设计，则注重包装的造型，通常采用拟态的结构形式的设计，从而迎合儿童的消费心理；对于化妆品类的商品包装，女性化妆品的包装在造型上注重追求线条的柔和性，男性的要庄重大方些。如：日本生产的贝亲婴儿洗衣液瓶装容器的瓶口设计就十分的科学，考虑到它要多次使用就在瓶盖上设计有刻度，便于人们准确把握每次的使用量；同时内盖做成细长的尖嘴形并侧面开口，既便于补充装液体的倒入又可使液体倒出时不会外露在瓶壁上。同时，洗衣液的补充装为一次性使用的商品，材料就使用袋装从而降低了成本，并在灌装口处做了鸭嘴形的设计，便于液体的倒出（图6-7）。

（4）要考虑符合商品的消费对象

不同的商品有着不同的消费群，即便是同一品种的商品也会有不同的消费对象，因而商品的装量也就不同，进而就要求设计出相适应的包装造型和容量。如超市卖的冷冻鸡，销售对象多是家庭用户，鸡腿、鸡翅类通常采用一公斤装的塑料袋装或盒装，这样的商品数量是适合普通的消费家庭一次食用的，较受消费者的欢迎。如果量过多就会影响销售；再如铅笔，它的销售对象多是学生，应以六支、四支、三支装为宜。因为学生，尤其是低年级的学生，更喜欢新奇多变，如果采用十二支装、二十四支装就会影响销售。还比如大米的包装，家庭装的多为袋装和桶装，通常分别为2KG/袋、2.5KG/袋、5KG/袋，而适于机关团体食堂的就多采用编织袋装，通常分别为20KG/袋、50KG/袋。这种以人为本的包装设计，不仅是对消费者的尊重与关心，更是对商品良好形象的树立。在现代激烈的市场竞争中，这也是争取消费者信任，提高效益的一种手段（图6-8～图6-11）。

（5）要考虑符合环境保护的要求

随着消费者环保意识的增强，绿色环保概念已成为社会的主流。包装材料的使用、处理，同环境保护有着密切的关系。如玻璃、铁、纸纸材料都是可以回收利用的；塑料相对难以回收利用，烧毁时则会对空气产生污染。象秋林食品的大列巴面包的包装使用豆包布，通过丝网印刷的方式进行包装，这种包装材料可重

图6-8～图6-11

复利用或可再生、易回收处理、对环境无污染，同时还给消费者带来一种亲近感，赢得消费者的好感和认同，也有利于环境保护并与国际包装概念接轨，从而为企业树立了良好的环保形象（图6-12）。选用包装材料时，还应当考虑到具体进口国家对材料使用的规定和要求。就拿我国销往瑞士的脱水刀豆来说，原设计为马口铁罐的包装，但因铁罐在瑞士难以处理，并不受欢迎，经市场调查后重新定位，将其改为了纸盒的包装形式，这样一来既轻便又便于回收处理，很受瑞士国民的欢迎，大大促进了销量，再如，在许多西方国家对塑料袋的使用都是明令禁止的，通常都采用纸袋的形式，对环境的保护做出了贡献。

图6-12：秋林食品的大列巴面包以环保材料豆包布进行包装

(6) 要考虑符合储运条件的要求

产品从生产到销售，要经历很多环节，其中储运是不可避免的。为便于运输储存的需要，包装一般都能够排列组合成中包装和运输的大包装；为了便于摆放、节省空间减少成本核算，运输包装一般都采用方体造型，对于异形不规则的销售包装为使其装箱方便、节省空间和避免异形的破损，需要在其外部加方体包装盒为最佳。或者也可以通过两个或两个以上不规则的造型组合成方体型来节省储运空间；除此，空置的包装也要考虑到能否折叠压平码放来节省空间；还有，销售人员在销售过程中包装成型是否方便快捷也要作为设计的重要条件。这就要求包装设计人员必须具备专业的包装结构知识，不但要考虑展示宣传效果，更要简便易懂让售货人员能准确操作（图6-13～图6-15）。

(7) 要考虑符合陈列展示的要求

商品包装的陈列展示效果直接影响商品的销售。商品陈列展示一般分为三种形式：将商品挂在货架上、将商品一件件堆起、将商品平铺在货架上。所以，通常在结构上采用可挂式包装、POP式包装、盒面开窗式等。不管怎样，不同的包装结构均应力图保持尽可能大的主题展示面，以便为装潢设计提供方便条件（图6-16～图6-18）。

图6-13～图6-15

图6-16～图6-18

(8) 要考虑符合与企业整体形象统一的要求

现代人们设计一个包装，不仅仅要解决这个包装的自身形象、信息配置等问题，还要合理地解决它和整个系列化包装的关系，以及此包装和整个企业视觉形象的关系等问题。包装设计必须在企业这个CIS计划的指导下进行。通过系列化规范设计与制作的包装是现代企业经营管理与参与市场竞争的必要手段。它可以让企业在展示自身形象与对外进行促销活动时，便于管理，降低成本，同时保持高质量的视觉品质（图6-19～图6-21）。

(9) 要考虑符合当前的加工工艺条件的要求

生产加工是实现设计创意的手段，设计师需要不断了解设备更新改进的情况、提高自身的技术力量等，以适应设计的要求。但是，技术设备的更新换代毕竟需要一定的条件、时间、资金，设计者在此期间应对当前的加工工艺条件有充分的了解，彼此达成默契。还有要注意的是，销售包装一般尺寸较小，在设计时要考虑纸张的利用率，要符合纸张的开数，避免浪费。

拼版时注意设计方案纸张的排列方向，可减少纸张的浪费，增加印量，节约成本。如图6-22，设计的展开图如横向拼，可能会造成纸张的很大浪费；如果改变版面的摆放方式，不仅可以减少纸张的浪费，且可以增加在同一纸张上的单位印刷数量。

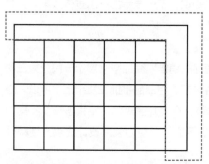
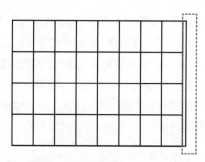

横向排列拼版，浪费纸张。　　纵向排列拼版，节省纸张。

图6-19～图6-21

考虑纸张利用率

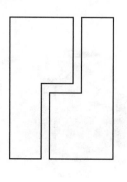
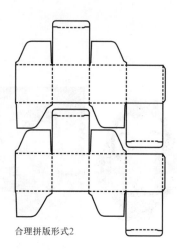

合理拼版形式1　　　　　合理拼版形式2

图6-22

2. 基础纸盒结构设计制作要点

（1） 基础结构概述（图6-23）

切口（又称：保险）：
增强盒盖的扣合力，
牢固，防止滑扣。

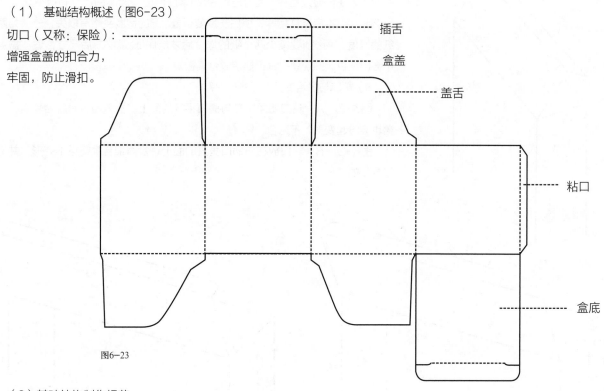

插舌

盒盖

盖舌

粘口

盒底

图6-23

（2）基础结构制作规范

1）盒盖和插舌的处理及切割形状（图6-24、图6-25）

做切口，与盖舌形成扣合，
增强牢固性，防止盒盖滑扣

插舌的宽度=A

以0为圆心，A的1/2为半径做圆，
即：在A的1/2处导圆角做弧形处
理，易插入，不易划伤

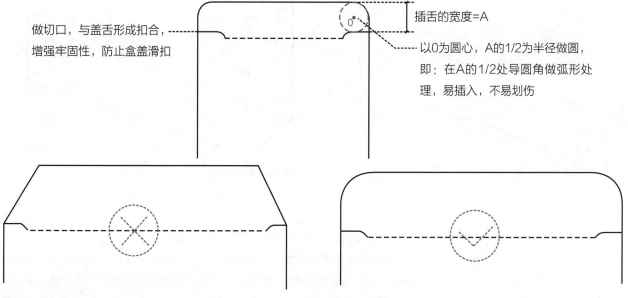

图6-24、图6-25

插舌做圆角处理，易插入，不易拉伤；切口起到固定盒盖的作用，防止滑扣。

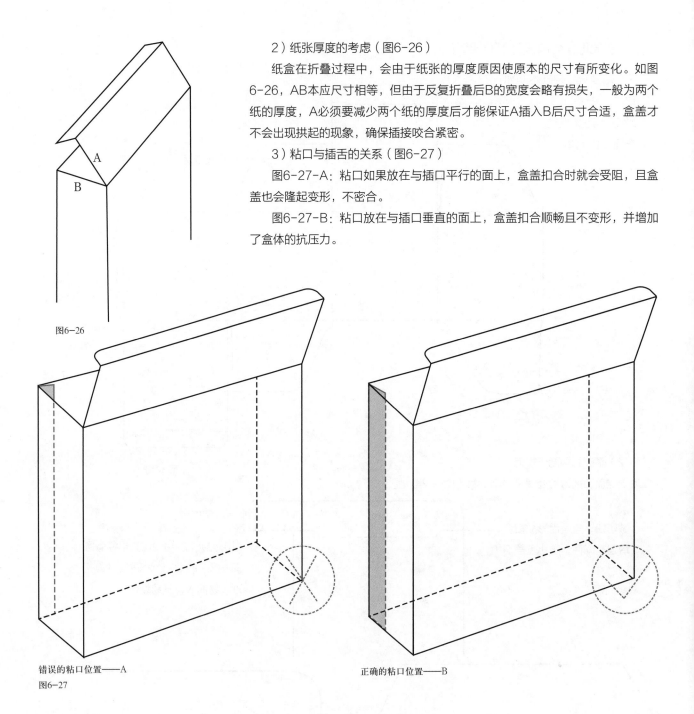

2）纸张厚度的考虑（图6-26）

纸盒在折叠过程中，会由于纸张的厚度原因使原本的尺寸有所变化。如图6-26，AB本应尺寸相等，但由于反复折叠后B的宽度会略有损失，一般为两个纸的厚度，A必须要减少两个纸的厚度后才能保证A插入B后尺寸合适，盒盖才不会出现拱起的现象，确保插接咬合紧密。

3）粘口与插舌的关系（图6-27）

图6-27-A：粘口如果放在与插口平行的面上，盒盖扣合时就会受阻，且盒盖也会隆起变形，不密合。

图6-27-B：粘口放在与插口垂直的面上，盒盖扣合顺畅且不变形，并增加了盒体的抗压力。

图6-26

错误的粘口位置——A

图6-27

正确的粘口位置——B

4）注意盒盖与盒舌的咬合关系（图6-28）

纸张是有弹性的，如果盒盖和盒舌之间没有咬合关系，盒盖会被轻易地打开，甚至会自动地弹起来。所以为了牢固，需要他们之间形成咬合关系，通过局部的切割，就可以加强盒盖扣合的牢固度。

图6-28：所示的两部分会在盒体扣合时相互咬合，可以加强盒盖的牢固性

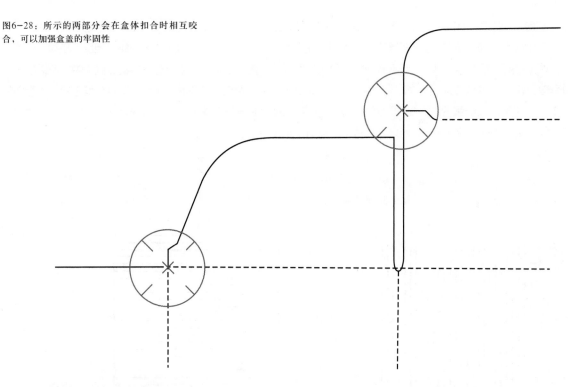

5）切口美观性的考虑（图6-29）

有时候为了不想让纸板裁切后产生的断面暴露在外，影响产品包装的外部美观度，就可以将摇盖和盒舌设计成一个整体，做成45°的对折线就可以了。

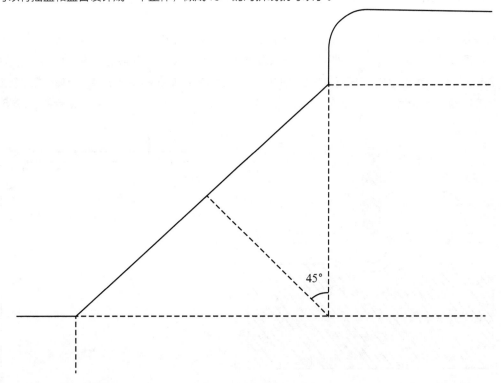

45°

图6-29

6）纸张纹理的利用（图6-30）

纸张是由纤维组织形成纹路的，有明显的方向性（横纹、纵纹）。纸盒成型时如合理应用纸的纹理方向，盒体就不易变形。如何辨认纸张的纹路，通常有两种方式：对于较薄一点的纸，可用双手握住纸的边缘，向内合拢使其弯曲，左右上下边重复此动作，可明显感到纸张的弯曲程度不大一致，较轻易弯曲的为竖纹，相反为横纹；另外，对于略厚或表面光洁度很高，肉眼很难分辨出纹理方向的纸张来说，可以取一块纸样，然后刷上水，纸张受潮后会变形歪曲成U字型，沿U字型方向产生歪曲的便是竖纹方向。当纸的纹理呈垂直方向使用时，要比使用水平方向的抗压力强。所以，瓦楞纸应纵向使用。

纸张竖纹使用的抗压力大于横纹

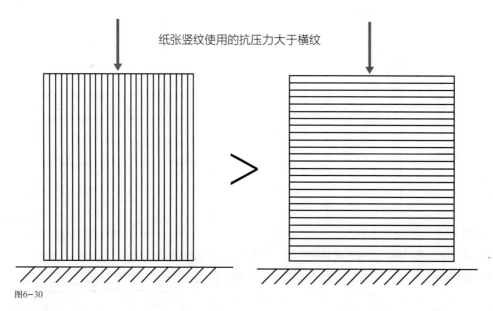

图6-30

7）压痕线的使用

纸盒的成型是通过对纸张的折叠产生的，对纸张施力可使其产生向外和向内两个转折方向的面。通常纸张在折叠的时候会产生裂纹（纸张的纤维遭到破坏），向外折比向内折对纸张纤维的破坏要大，纸张越厚破坏度就越大。为了避免裂纹的产生，在生产时通常采用压痕的方法，使外向的角收缩变成向内的角，这样就可以使纸盒在转折时不伤及到纸的纤维或尽可能的少伤及，且纸盒外观整齐美观，保持弹性（图6-31）。

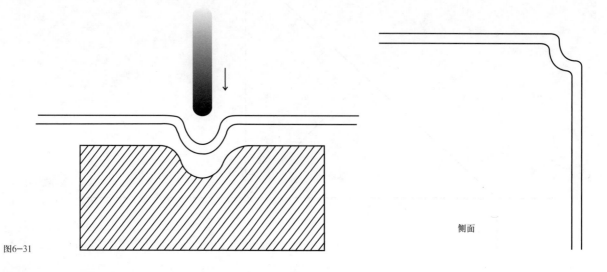

侧面

图6-31

8）纸盒结构的牢固方式（图6-32）

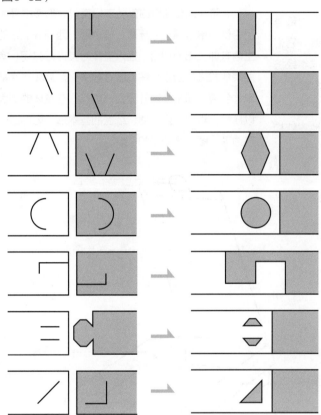

图6-32

9）基础纸盒设计制作的线形符号（图6-33）

————————————————	裁切线
————————————————	尺寸标注线
━ ━ ━ ━ ━ ━ ━ ━	齿状裁切线
- - - - - - - - - - - - - -	内折压痕线
—·—·—·—·—·—·—·—·	外折压痕线
∧∧∧∧∧∧∧∧∧∧	断开处界线
/////////////////////////	涂胶区域标注

图6-33

 纸张纹理方向标注

3.常见形态纸盒包装结构设计

常态纸盒结构是纸盒结构中最基本的一些成型结构，应用普遍。它们具有结构简单、成型方便、成本经济的特点。同时，非常适于大批量生产。常态纸盒包装结构按照形态大致可以分为摇盖式结构和天叩地式结构两大类型。

（1）摇盖式结构

摇盖式纸盒结构的包装在日常包装形态中最为常见，在食品、药品、日常用品中使用最普遍，如牙膏、化妆品、西药等。它的特点是盒盖有三个摇盖部分，主盖有伸长出的插舌，插入盒体对其进行封闭；盒身两侧有两个小摇盖，有时做成咬插式进行固定；在成型过程中，盒盖和盒底都需要摇翼扣合完成，且大都为单体包装，即平面展开图为一整体，在盒体的侧面有一处粘口。不使用存放时可以压平，再次成型方便；纸盒的基本形态为四边形，也可以在此基础上发展成为多边形（图6-34～图6-36）。

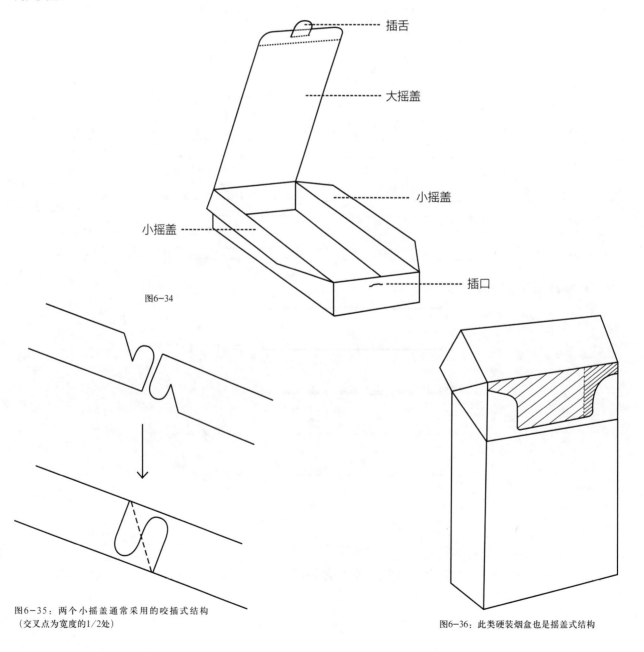

插舌

大摇盖

小摇盖

小摇盖

插口

图6-34

图6-35：两个小摇盖通常采用的咬插式结构
（交叉点为宽度的1/2处）

图6-36：此类硬装烟盒也是摇盖式结构

摇盖式纸盒结构是最基本最常见的一种形式，由此可以派生出多种形式的盒盖。如悬挂式、POP式、双保险式、光圈式、别插式、书本式等。下面我们就分别看一下摇盖式纸盒的盒盖和盒底的结构。

1）摇盖式纸盒的盒盖结构

盒盖是装入商品的入口，也是消费者拿取商品的出口，所以在设计时既要扣合简洁又要开启方便，同时也要有很好的封闭性，要有锁扣功能，避免盒盖自动开启后商品的滑落和盒体的变形。摇盖式纸盒的盒盖结构主要有以下几种形式：

a. 悬挂式

为了方便陈列，将普通的摇盖盒中的一个面延长并裁出可供悬挂的形状就成了悬挂式，结构非常简单。盒盖上可有小插舍做保险，盒底通常用别插底，不易脱落（图6-37、图6-38）。

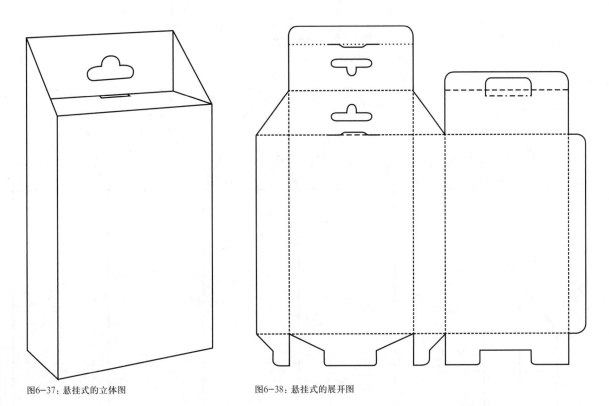

图6-37：悬挂式的立体图   图6-38：悬挂式的展开图

b. POP式

这是一种开放式的包装结构，利用产品形象来进行品牌的展示（图6-39、图6-40）。开放的结构非常便于消费者自取商品，多用于小型商品，其中食品类居多，且多摆放于超市收银台处，消费者可随意取放。POP式结构最大的特点是将盒盖不扣合并将其延长重叠后固定在盒体上，形成最大的信息展示面。在这个面上多为产品名称、LOGO及图像广告的设计，突出产品形象、醒目、直观。产品以单独包装的形式摆放其中。

c. 光圈式

此类结构形式较生动，利用盒盖的结构进行变化，将盒体上部的每个面都延长，并做各种造型设计使其相互交叉盘扣在一起（图6-41）。此盖结构可生成多变的造型如花瓣形、波浪形等。这个盒盖的扣合牢固紧密，商品不易泄漏，还富有成型的情趣性。多用于化妆品、儿童食品等。

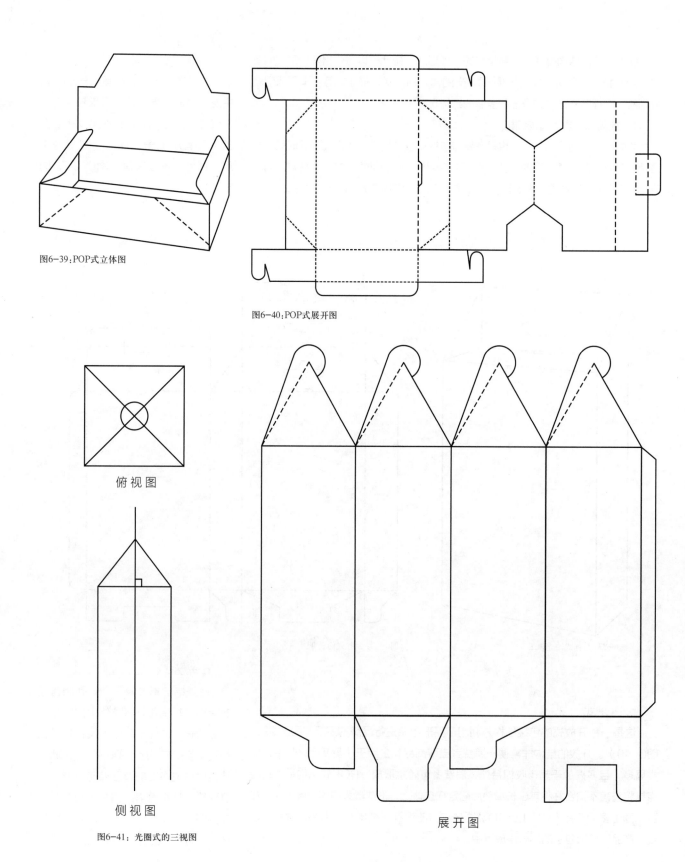

图6-39:POP式立体图

图6-40:POP式展开图

俯 视 图

侧 视 图

图6-41：光圈式的三视图

展 开 图

d. 书本式

盒体形状像一本书（图6-42、图6-43），多用于录像带包装、巧克力包装、礼品包装等。此结构由于有象书一样翻起的部分，所以无形中多了两个宣传面（正反两面），利于产品形象的宣传和气氛的渲染。

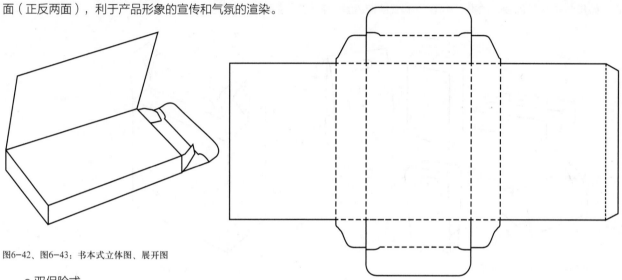

图6-42、图6-43：书本式立体图、展开图

e.双保险式

普通的盒体只在盒盖上有一处防滑扣的设计，称为单保险。而这种结构使摇盖受到双重的咬合，加强了盒盖的牢固性，扣合十分牢固。下图6-44中①②为双保险设计，其中第①处是盒盖与盒舌的咬合关系使盒盖扣合；第②处为第二层的保险，独特的结构处理使盒盖扣合十分严密。

②处保险形式的说明：

"___"如插口处做直线切割，插舌不易插入，纸张越厚插舌越难插入；

"___"为了避免上面的问题，插口处做裁切，切去纸张的厚度，厚纸就易插入，但是咬合就会变得不牢固，易脱落；

"___"综合前两者的特点，第三种方法可以解决上面存在的问题，达到两全齐美的效果，操作便捷。

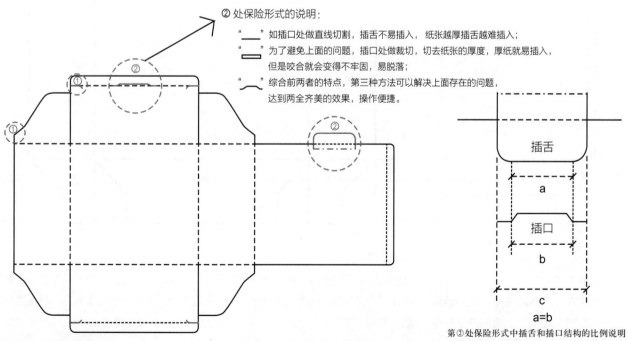

图6-44：双保险式结构说明

插舌 a 插口 b c a=b

第②处保险形式中插舌和插口结构的比例说明

f. 手提式

此结构非常便于消费者的携带，对于有一定重量的商品多采用这种形式。如集合式饮料包装、酒类、小型家电、礼品类较重的物品。根据商品的重量不同可选择不同厚度的纸张，如卡纸、瓦楞纸等。一般用小瓦楞裱糊铜版纸，并附摇盖。这种结构对于盒底部的承重力的要求较大，为了避免商品从底部脱落，多采用别插底和预粘式自动底。手提式结构造型非常丰富，如图6-45、图6-46所示：

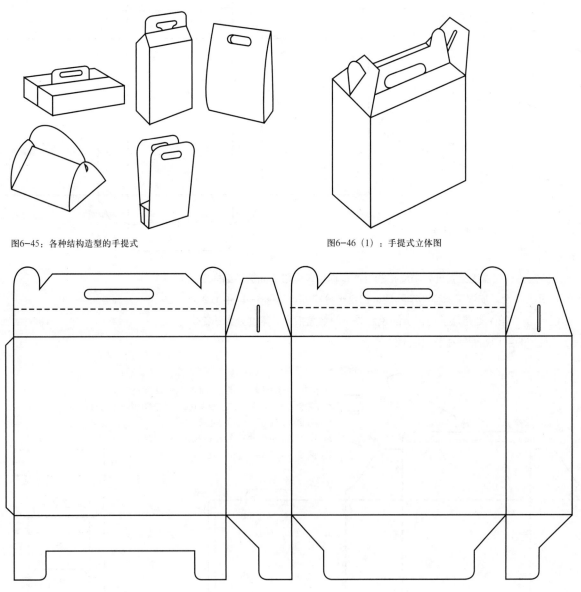

图6-45：各种结构造型的手提式

图6-46（1）：手提式立体图

图6-46（2）：手提式结构展开图

g. 推拉式

此结构设计新颖独特，巧妙运用纸张的翻转加切割、折叠的方法制作而成（图6-47）。盒盖打破了传统意义上的盖和舌的概念，将纸质向外翻转并切割形成独特造型。并通过对盒体的推拉使得盒盖开启、闭合，趣味性很强，开启方便，十分适合儿童食品。根据这个结构原理，学生设计出了许多十分有创意的造型，其中可爱的鱼的造型尤为突出，具体结构详见下章特殊形态的包装结构设计。

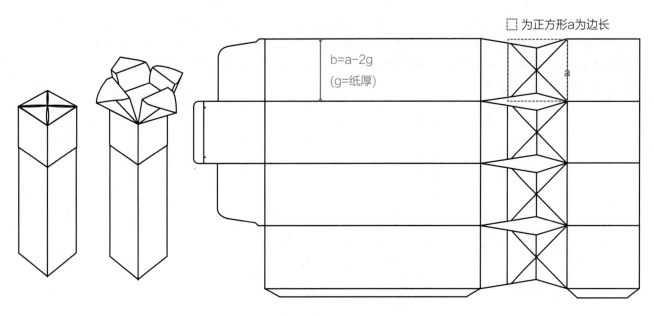

图6-47（1）：推拉式立体图及推拉后效果图　　图6-47（2）：推拉式展开图

h. 压力式

　　这是一款利用纸的弹性，有一定趣味性的结构设计，对于儿童更容易操作。纸的弹性大小与纸的材质、定量有直接关系。定量较低的纸弹性较低，但定量太高的纸不好成型，也不适合做此类结构。此盒原理就是将盒子的边线做弧线的处理，既可获得美观的外形，又能使盒子成型方便（图6-48）。如麦当劳的苹果派、菠萝派的盒子就是很好的例子。利用纸的弹性可以拉起，也可以按下，增强了趣味性。市场上还可以看到一些类似的设计，如：毛巾、内裤、袜子等日用品的包装设计。

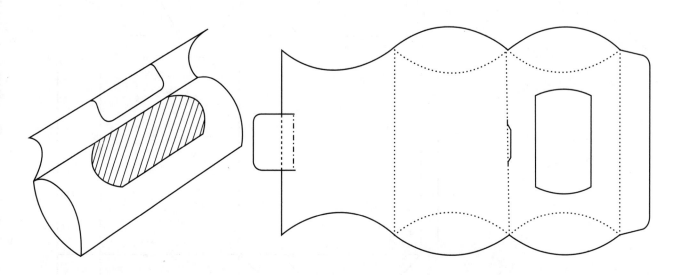

图6-48（1）：压力式立体图　　图6-48（2）：压力式展开图

2）摇盖式纸盒的盒底结构

盒底承受着商品的重量，因此需强调它的牢固性。它的结构成型简单和组装方便也是基本的要求。摇盖式纸盒的盒底结构主要有以下几种形式：

a. 别插式底

盒底利用盒体底部的大小四个摇盖进行"别"、"插"的处理，产生相互咬合的关系，以增强盒底的承重力（图6-49～图6-51）。此底结构承重力强，多用于液体包装，成型方便，节约纸张。这种结构在包装中应用十分广泛。

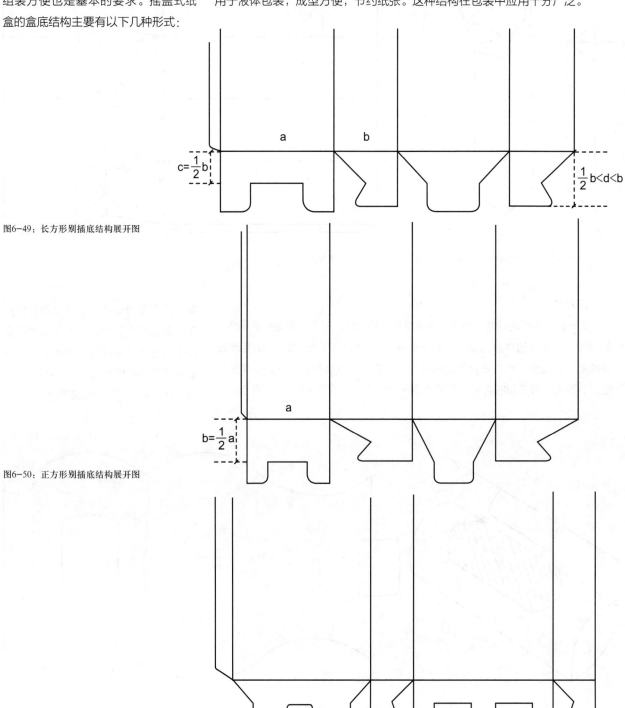

图6-49：长方形别插底结构展开图

图6-50：正方形别插底结构展开图

图6-51：长方形双别插底结构展开图

b. 插入式底

这种结构是将盒底四个面的尺寸延长并做插入式处理（图6-52）。

其结构成型简便，插合后既能形成封闭的盒体底部，又可形成盒内部的分割结构摆放商品，无需在盒内添加隔板。但承重力较弱，只能适合包装小型或重量轻的商品，如：吸管式口服药品。

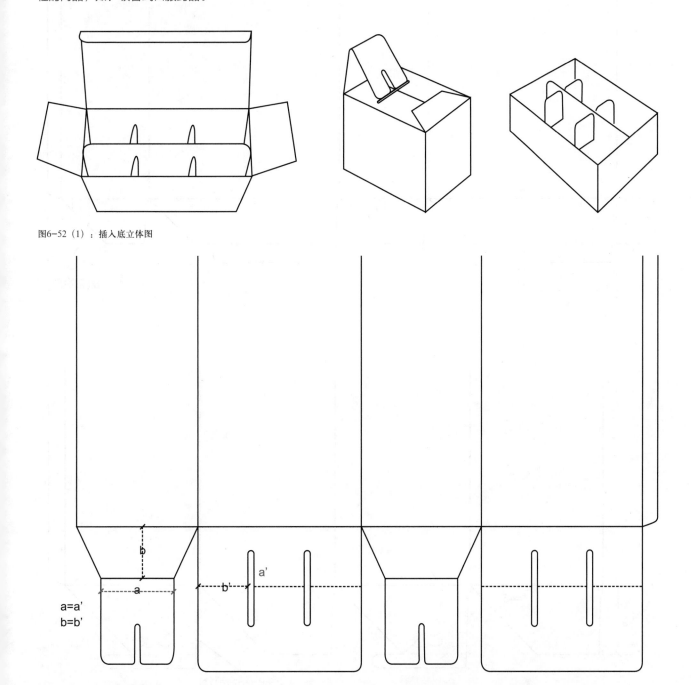

图6-52（1）：插入底立体图

图6-52（2）：插入底展开图

c. 预粘式自动底

此结构采用了底部预先粘合的方法构成。尽管如此，但粘合后仍然能够压平，使用时只需向盒体稍加施力，盒底就会自动恢复锁住状态，成型十分方便。另外它牢固且承重力很强，节省材料、节省储运空间，适合自动化生产和非专业销售人员成型（图6-53）。

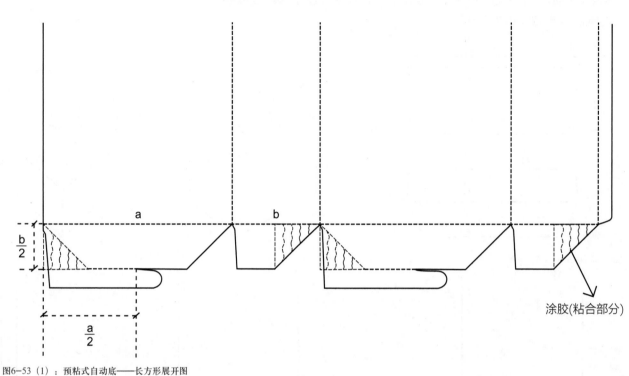

图6-53（1）：预粘式自动底——长方形展开图

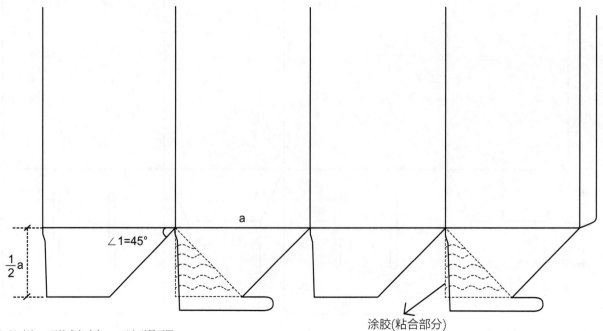

图6-53（2）：预粘式自动底——正方形展开图

（2）天叩地式结构

天叩地式结构是由盒盖和盒底两部分组成。这种纸盒在盒盖上基本没有什么变化，主要的结构变化体现在盒底上，即盒底可做成防震性结构和非防震性结构两种（图6-54）。其中防震性结构有较好的虚空间产生，可适应有特殊要求的商品；其次，盒盖和盒底的高度也可随设计的需要进行变化：盒盖和盒底高度可以相同，也可盒盖的高度小于盒底的高度，这样从侧面可以看到两个层次，有一定的节奏变化。天叩地式结构的盒子通常整体高度较小，开启后商品的展示面较大，这种结构适用于包装食品、服装鞋帽、礼品、工艺品等商品。

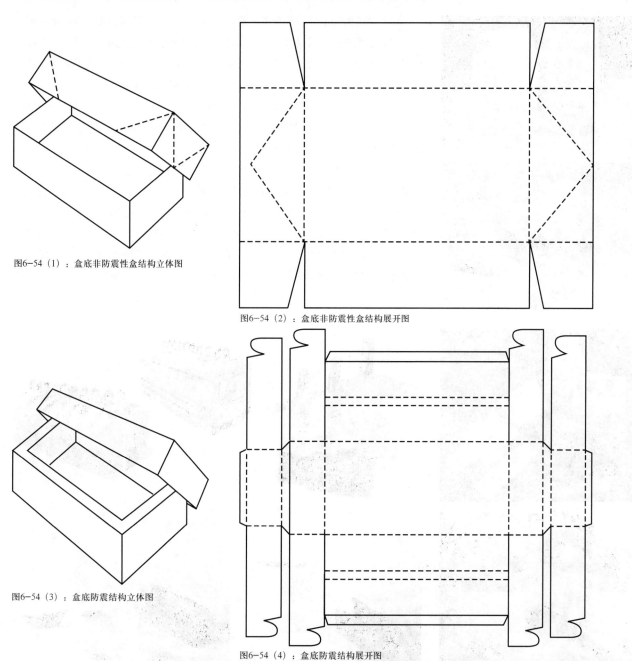

图6-54（1）：盒底非防震性盒结构立体图

图6-54（2）：盒底非防震性盒结构展开图

图6-54（3）：盒底防震结构立体图

图6-54（4）：盒底防震结构展开图

第 7 章

特殊形态的包装结构设计

我们在前面的章节对于普通纸盒结构的设计与制作的规范做了详细的讲解，设计者要全面把握其规律才能更好地为自己的设计服务。但是我们所面临的设计项目并非都处于常规要求之下一陈不变，特殊的消费群、特殊的产品必定会要求产生特殊形态的包装设计。这就要求设计师要具备处理这种特殊性的能力。

在基础的纸盒结构设计规范中，我们能看到种种的制约因素，其形态与结构具有较强的限定性。如果忽略这一切来空想一种新奇的形态，似乎是不太实际的，设计者必须紧密联系实际去完成创作。

但是，设计的目的是为了使产品促销，让消费者喜闻乐见，有些特殊形态的包装设计对产品促销起到了始料不及的作用，尽管有的会受到不同的评价，如"浪费纸张，加大成本"等。为了在竞争中取胜，得与失的权衡会使企业做出正确的选择。在此，我们看待设计的原则不应产生绝对化。况且，除一般的销售包装外，在礼品包装中消费者也需要新颖独特的容器造型和包装结构。综上所述，特殊形态的包装容器设计有不可低估的商业价值（图7-1～图7-15）。

图7-1～图7-15：特殊形态的包装容器设计

下面的讲述会帮助设计者在掌握一般性的结构知识基础上，发挥各自的理解能力和想像力，不拘于传统的既定形态，创造出具有个性的包装结构。

一、圆内接多边形的制作方法

在特殊形态的包装设计中经常会涉及到多边形的盒体结构，如内接五边形、六边形、七边形、八边形等等。那么，设计师该如何做出精准的形态来呢，下面教给大家一个方法十分受用。让我们先以圆内接六边形为例，讲解一下它的制作方法，了解它可以更好地为设计服务。下面是圆内接六边形的制作步骤（图7-16）：

绘制说明：

1. 画A、B两条直线相交于O点；

2. 以O为圆心OC为半径画圆，分别交A、B线于C、D、E、F；

3. 分别以E、F为圆心，以CD长为半径画圆，交A于G、H；

4. 因为是要做六边形，所以要将E、F线段等分成6份，然后分别由G、H为起点向E、I、J、O、K、L、F做直线连接，分别交圆与a'、b'、c'、d'、e'、f'、g'、h'、I'、j'、k'、l'，然后做隔点连接，就形成圆内接六边形。

5. 无论要做圆内接n边形，方法都是一致的，唯一的不同就是将E、F线段等分成的份数，即：五边形就将E、F线段等分成5份；十边形就将E、F线段等分成10份。

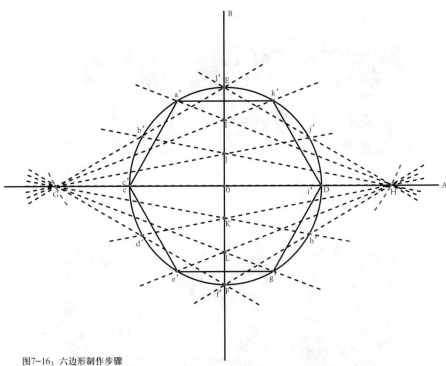

图7-16：六边形制作步骤

二、特殊形态包装设计的方法

（一）偶发性思维训练

1. 破坏的意义

不破不立，破字当头，立在其中。在艺术创作中，破与立是矛盾而又统一的。破坏是一种手段，立是目的。我们运用破坏的手法去研究造型的可能性，有明确的方向性，不同于盲目的破坏。因为破坏是在对基础纸容器造型结构有深刻的认识和实践之后，才可能去做的尝试。我们通过练习会发现破坏要比建设来得快且容易得多。几乎任何一个人都能轻而一举地破坏一个现成的六面体包装盒，可以对它实施揉搓、撕扯或挤压等等行为。之后我们可以看到被"践踏"的纸盒，其形态显现出可怜的褶皱表情，强烈的压力和冲击使原本美丽平滑的盒子表面改变了正常的形态。这种被破坏的形态因丑陋而被常人抛弃，那么面对毁坏后的纸盒，如何再赋予它一个崭新的生命却不是一般人所能为的。而我们则要求设计者必须对这个丑陋的盒子产生兴趣，引起注意，细细研究那些不规则的皱纹，发现一定的规律，去提炼和概括，并将一种偶然变为必然，将偶发变为现实。通过各种手法，设计者可以为一个个废旧的被人们抛弃的包装盒赋予新的生命。可以通过我们的双手让它产生自然界中某些动、植物和人造形态的纸盒造型，呈现出丰富多彩形态，这让我在以往的教学中时常沉醉其中。这个过程是化废旧为新奇、化平淡为精彩的过程。但是这种纸盒设计的拟态手法不是单纯的仿真，而是在作为一个可以折叠存放物品的纸容器的前提下,采取几何化的处理手法来进行设计完成的。也就是说它是受包装的功能要求的。破环式的拟态包装设计注重神似,并可伴有简洁的画面处理,通过形、色的有机结合到达烘托气氛的目的。

拟态包装无论是用作礼品包装还是一般的销售包装,可以增添消费者的乐趣,尤其是针对儿童消费群体设计的包装使用后也可作为玩具收藏,这样无形中便延长了其使用价值和保留价值,这在强化人们对商品形象和公司形象的记忆方面无疑起到了积极的作用。

有许多化腐朽为神奇的例子,可以说明由破坏而带来的创造乐趣是多么令人喜悦。20世纪70年代时,意大利某厂家生产的葡萄酒包装盒,因其表面具有凹凸起伏,造型独特而获得欧洲包装联盟大奖。日本著名的包装设计家木村胜先生对拟态包装有过深入的研究,他创作的诸如鸡蛋、豆荚、桔子、西瓜、苹果等等拟态包装,至今仍给人们留下极其深刻的印象。从这些造型单纯、栩栩如生的作品中,使人们感受到作者对生活的热爱。他独特的创作力向人们展现出纸容器造型艺术的魅力。这些作品不仅在追求着艺术性的发挥,更不乏商业的实用性,为商家带来了很好的经济效益。

2. 设计时要注意的原则

(1) 在偶然中寻求规律,提炼和概括其结构的变化,找到可开发的必然形态,这是一个破坏到建立的过程。

(2) 这是一种"对号入座"的创作方式,与传统的"量体裁衣"的规则相违背,但是这种先破坏再研究,找依据在创作的过程也不乏它的实际意义。

(3) 破环练习在前期表面看具有很强的偶然性,但在后期的造型阶段依然有很强的研究性,必须要遵照着科学、经济、美观、适销的原则进行。

(4) 确立后的新的盒体形态在面、边、角上都发生形状、数量等方面的变化,在盒子结构上也可能发生一定的变化,需遵循基础盒体的设计制作规律重新研究盒子的尺寸、固定方式、开启等问题,以达到其合理性、科学性、实用性。

3. 破坏的前提

(1) 首先选择现成的直角六面体包装盒若干,不择手段地进行破坏,可挤压、可踩踏、可揉搓等;

(2) 对破坏后的盒子可以改变其原有的结构关系、尺寸关系、开启方式、形状等;

(3) 可以预先粘合某些部位来方便其结构的研究;

(4) 改变后的结构必须用整张纸折叠成型,不添加任何附件;

(5) 盒子在不装物品时必须能将其压平来保存,以节省储运空间;

(6) 盒体成型使过程简便、易操作、形态牢固;

(7) 不得用扎、捆的方式固定形态;

(8) 结构的内部在上、下、左、右、前、后的方位不得占有过多的虚空间,以

节省纸张;

(9) 要充分考虑集装的因素;

(10) 新开发的盒体整体形态美观,具有独创性。

4. 破坏的方法

(1) 挤压法

基础盒型有六个面,十二条边。通过挤压盒子的面或边,使盒子的表面产生变化。面的数量会增加,边也会有直线变化成弧线、曲线等(图7-17)。

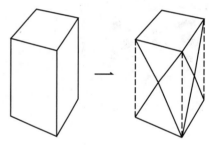

图7-17 (1): 直线挤压

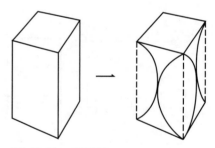

图7-17 (2): 曲线挤压

例1：对边的挤压练习（图7-18~图7-22）：

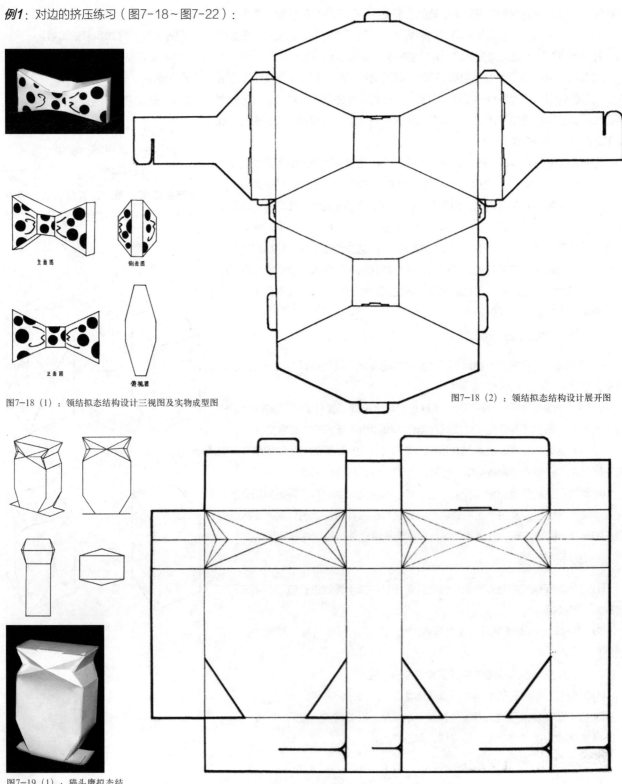

图7-18（1）：领结拟态结构设计三视图及实物成型图

图7-18（2）：领结拟态结构设计展开图

立面图

侧面图

正面图

俯视图

图7-19（1）：猫头鹰拟态结构设计三视图及实物成型图

图7-19（2）：猫头鹰拟态结构设计展开图

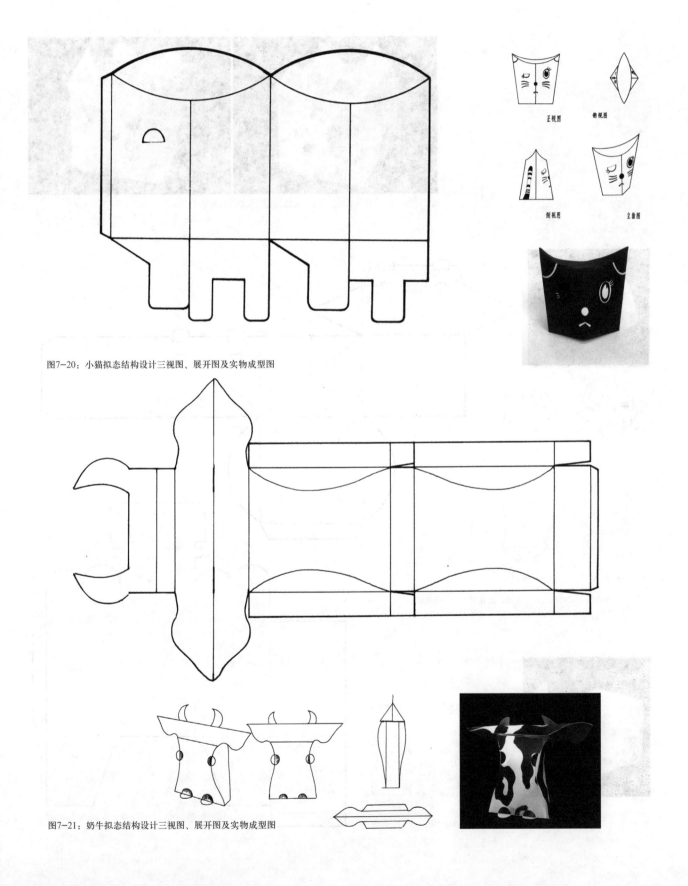

图7-20：小猫拟态结构设计三视图、展开图及实物成型图

图7-21：奶牛拟态结构设计三视图、展开图及实物成型图

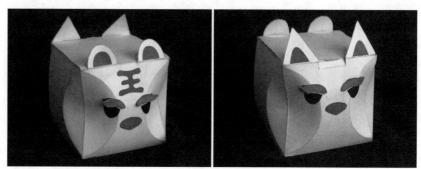

图7-22：对边的挤压练习——正反双面动物形象拟态结构设计

例2：对面的挤压（图7-23～图7-27）：

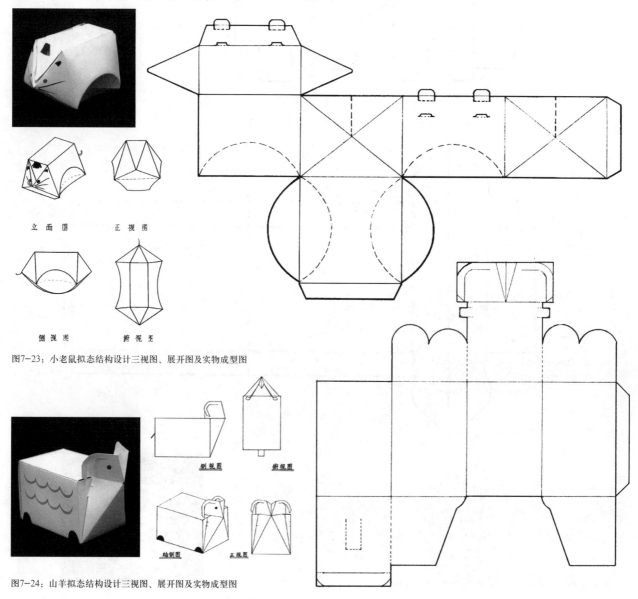

图7-23：小老鼠拟态结构设计三视图、展开图及实物成型图

图7-24：山羊拟态结构设计三视图、展开图及实物成型图

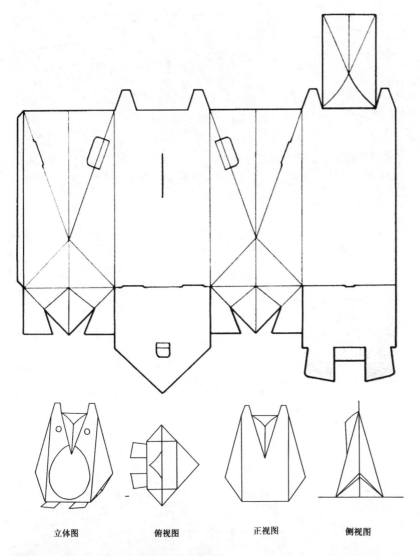

立体图   俯视图   正视图   侧视图

图7-25：猫头鹰拟态结构设计三视图、展开
图及实物成型图

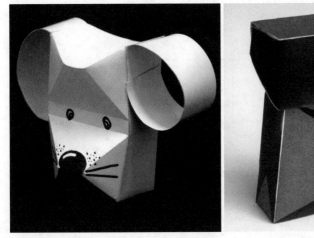

图7-26、图7-27：对面的挤压练习——狗、人脸
拟态形象结构设计

（2）拧折法

双手握住盒子，象拧毛巾一般去拧盒体对其进行破坏，这样会使原有的盒子产生两个空间，以产生新的形态（图7-28、图7-29）。

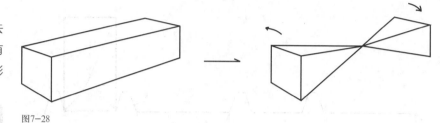

图7-28

例：拧折法的包装设计（图7-29）

图7-29

例：弯折法的练习（图7-30～图7-36）

（3）弯折法

双手握着盒子，象折断一根木棒一样把盒子弯折，弯折后的盒子也可以使原有的盒子产生两个空间（图7-30～图7-36）。

图7-30

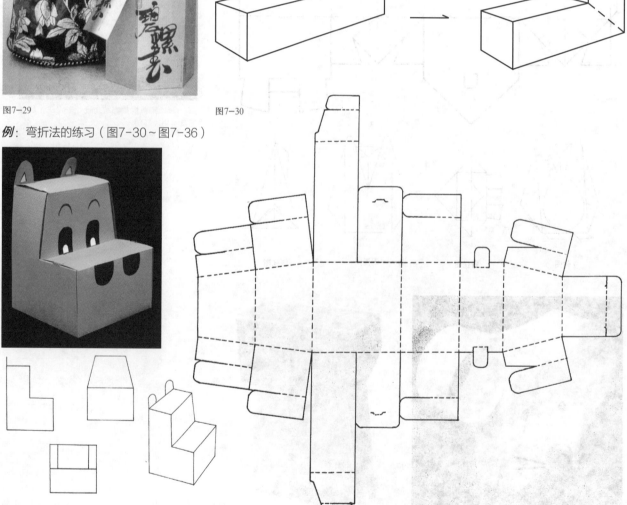

图7-31：河马拟态结构设计三视图、展开图及实物成型图

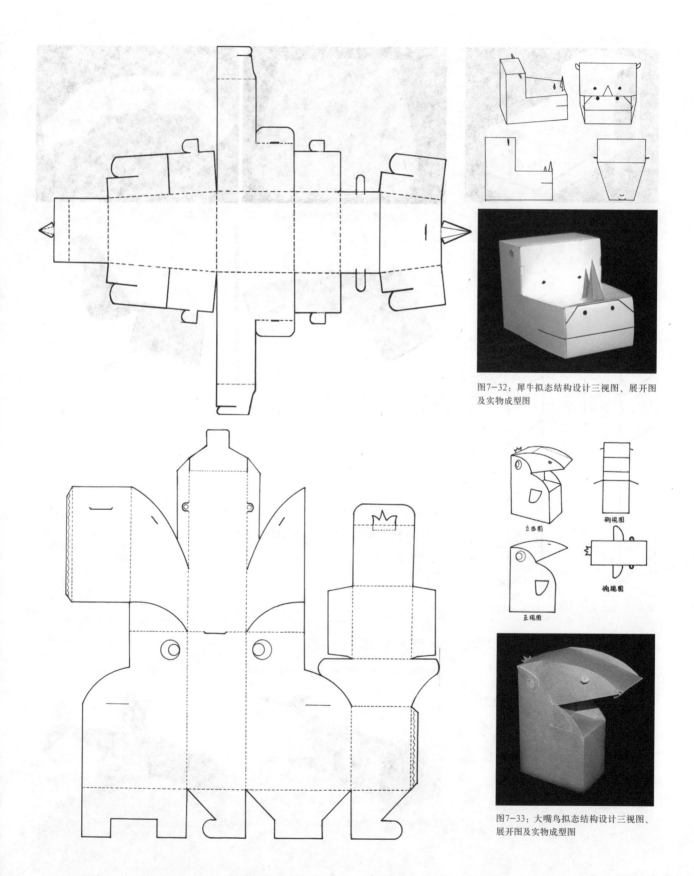

图7-32：犀牛拟态结构设计三视图、展开图及实物成型图

图7-33：大嘴鸟拟态结构设计三视图、展开图及实物成型图

图7-34：弯折法练习（狗头拟态结构设计）

图7-35：弯折法练习（蛇形拟态结构设计）

图7-36：弯折法练习（马头拟态结构设计）

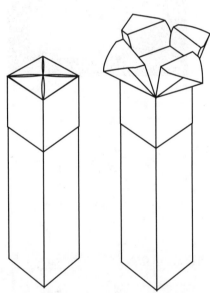

（4）翻转法

先把盒盖打开，拆开原有粘口，把一部分盒子的内壁翻转过来，再与盒外壁相套住，并通过对翻转部分进行切割，使其产生特殊的形态（图7-37）。前面讲到的推拉式的盒盖就是运用的这个方法（图6-47）。

图7-37：翻转法的立体图及翻转后的效果图

例：嘴巴会翻转张开、鱼鳍会随之摆动的鱼（图7-38～图7-41）

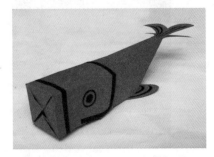

图7-38～图7-40：立体图

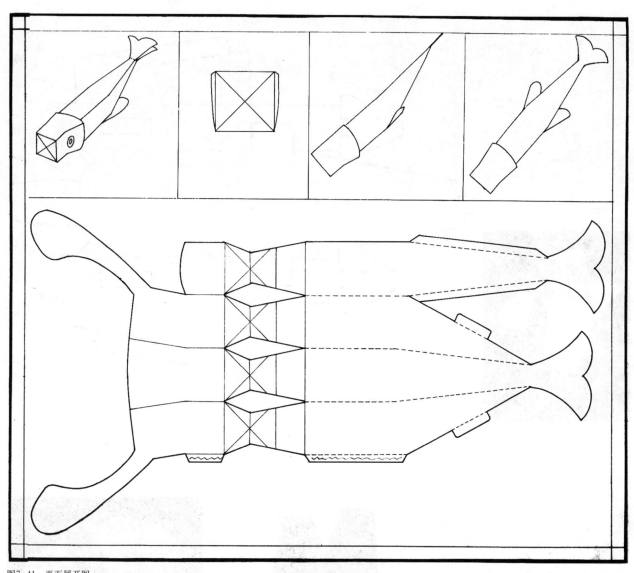

图7-41：平面展开图

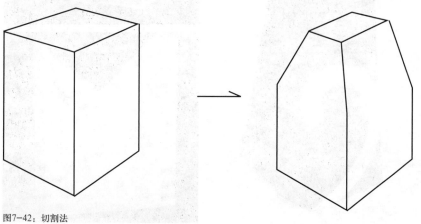

图7-42：切割法

（5）切割法

利用刀片切割盒子的面或盒子的角、边等。如果打开盒盖时，从上向下切割盒子的四条边，将使盒盖、舌的长度改变，所以要重新计算好尺寸以便扣合紧密（图7-42）。

例：切割法的练习（图7-43～图7-46）

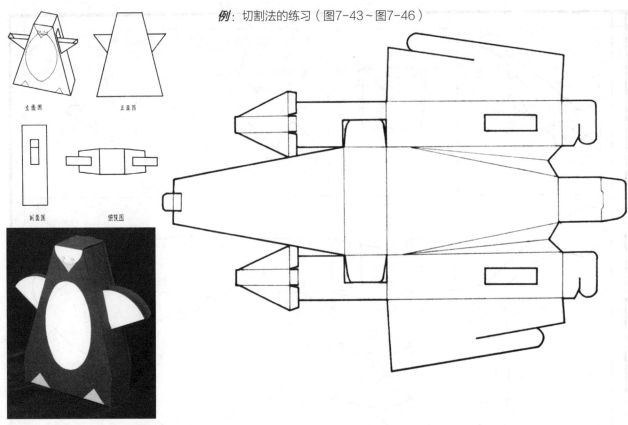

立面图　　　　正面图

侧面图　　　　俯视图

图7-43：企鹅拟态结构设计三视图、展开图及实物成型图

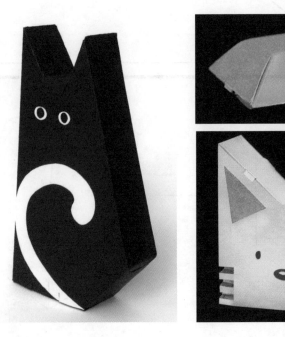

图7-44～图7-46：切割法练习——黑猫、乌龟、小猫拟态形象结构设计

（6）综合破坏法

即将上述的几种方法结合起来进行破坏，会创造出丰富、生动的造型。

例：综合破坏法练习（图7-47~图7-55）

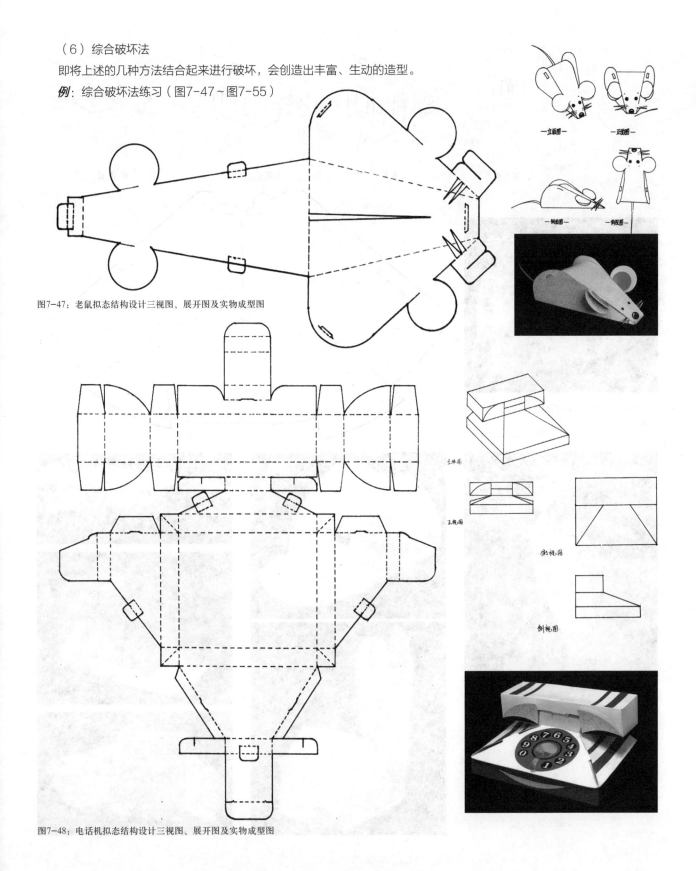

图7-47：老鼠拟态结构设计三视图、展开图及实物成型图

图7-48：电话机拟态结构设计三视图、展开图及实物成型图

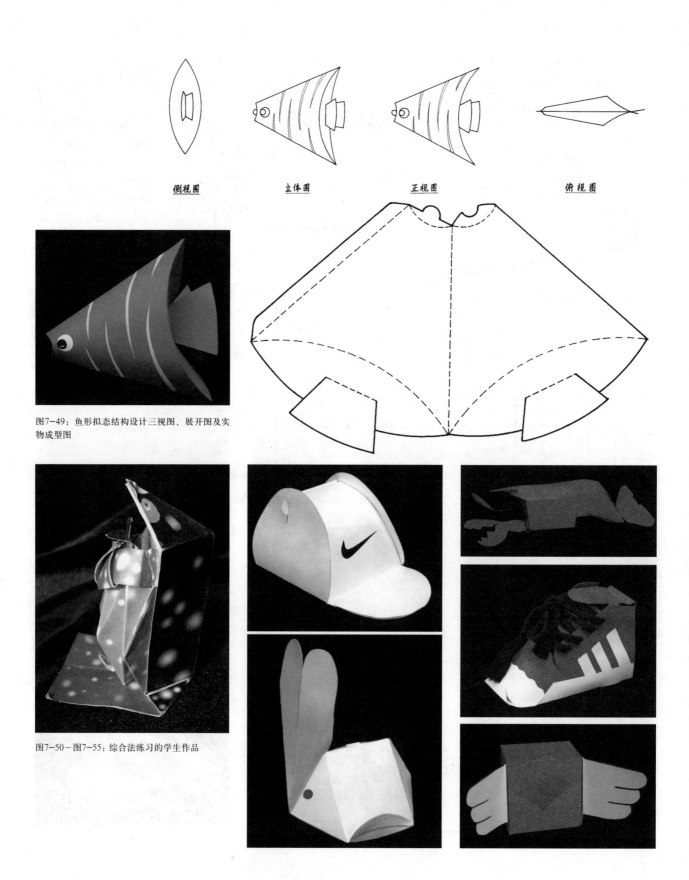

側视图　　　　　立体图　　　　　正视图　　　　　俯视图

图7-49：鱼形拟态结构设计三视图、展开图及实物成型图

图7-50～图7-55：综合法练习的学生作品

（二）必然性思维训练

设计是服务于商品、服务于社会的，绝非空谈。闭门造车、孤芳自赏的设计师无法适应社会的要求。因此教师有必要对学生进行实践性的教学，让学生在实际课题中学会如何让自己的设计既符合各种条条框框的要求，又能发挥出自己的专业特点，并具独创性。

创造性思维是创造力的核心因素，对学生进行创造性思维训练，培养创造型人才是本人在十几年包装教学中的重点。激发好奇心、提出问题并解决问题一直以来是本人在课程内容设置方面反复强调的。本人认为实验课题的研究具有以下的特点：一是实践性，学生所设计的东西不是凭空"想"出来的，是在实际的要求和条件下完成的；二是有效性，它能有效地促进学生创造力和整体素质的发展；三是独创性，每个学生的设计都具有自己独特的创意和造型特征；四是可操作性，它有具体的操作程序和操作要点，而不是一些空泛的议论，学生要通过实验来验证自己设计的合理性。

1. 特点

必然性思维区别于前面的破坏练习中的偶然性，是以具体的内容物（产品）的实际要求为思考的前提的，对最后的成品形态应该是比较能主观把握住的，能在满足先提条件下主动解决问题、发挥创造性。

2. 方法

(1) 首先要测量出产品（内容物）的长、宽、高的实际尺寸；

(2) 再勾画出盒子的立体草图，确定盒子的开启方式，解决产品的取放问题，以及确定使盒子定型的方法（粘合、别插）；

(3) 然后画出盒子被打开后的结构透视图，以便研究盒子的结构关系（立体透视图）；

(4) 接下来画出盒子的三视图（正视、侧视、俯视）；

(5) 参照透视图、三视图，画出盒子的平面展开图，最后做出成型的实物；

(6) 最后修订尺寸、固定方式后定型。

例：易碎品防震结构训练：

以鸡蛋作为易碎品包装的内容物对学生进行防震结构的训练：

要求：

1）选择一枚鸡蛋，并限定用白板纸为包装材料；

2）该包装必须符合基础纸盒的折叠要求；

3）用一整张纸来完成，不许添加任何附件；

4）成型装、取方便，便于储运；

5）最终要将鸡蛋装入包装盒内，从一米的高度自由落地以检验内容物的破损情况，以此来验证结构的合理性。

图7-56：学生作业1

设计提示：

1）选择中、高定量的纸张；

2）利用支撑点固定鸡蛋并使鸡蛋与盒子各面之间保持一定的距离，产生虚空间；

3）盒子的扣合与成型应很牢固。

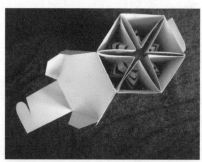

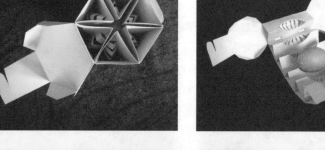

图7-57（1～3）：学生作品2

图7-58（1、2）：学生作品3

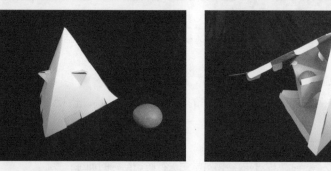

图7-59（1、2）：学生作品4

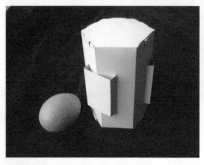

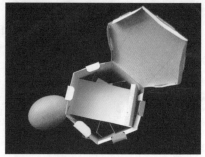

图7-60（1～3）：学生作品5

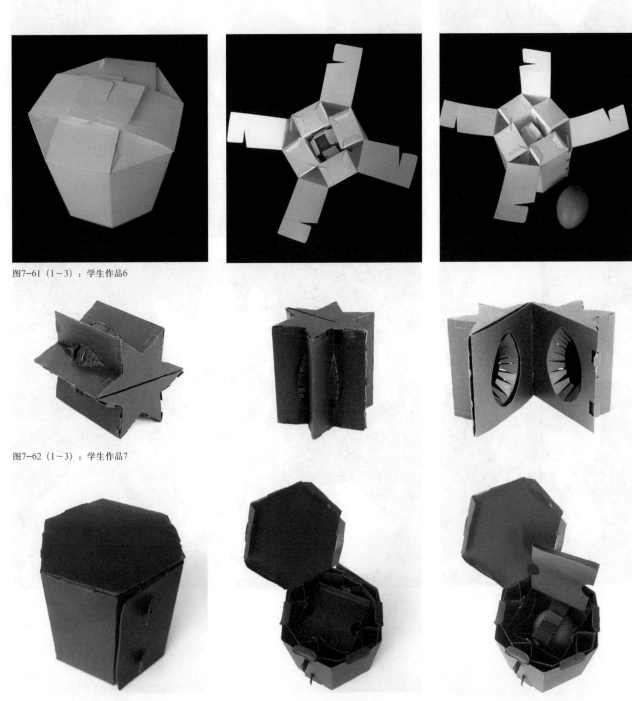

图7-61（1~3）：学生作品6

图7-62（1~3）：学生作品7

图7-63（1~3）：学生作品8

图7-64（1、2）：学生作品9

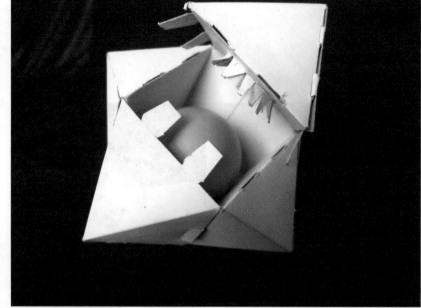

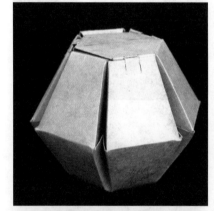

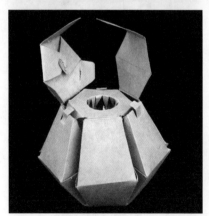

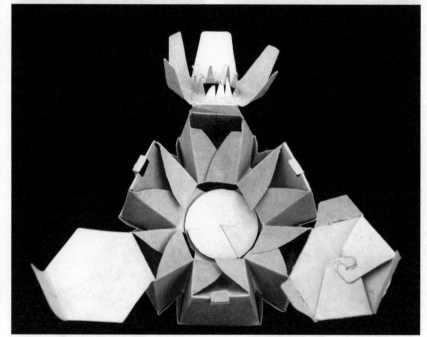

图7-65（1～3）：学生作品10

第8章

包装的平面视觉设计与表现

对于包装这个六面体而言，不仅要对每一个体面进行合理的设计与经营，更要照顾到各面之间的图文关系与色彩关系。设计要注重文字、图形在相邻面上的转折变换；对于包装盒体的设计与装饰要注重局部与整体的关系，从整体出发从局部着手。良好的包装设计可以使商品在销售过程中有效地起到宣传、促销和传达商品有效信息的作用，为了达到这些目的设计就必须要本着定位精准，传达信息准确；表现手段简洁明了；形象力新颖独特并给人带来信任感的原则进行设计。包装设计的平面设计要素主要包括文字、图形、色彩、版式编排、肌理与附件等方面的内容，设计时要掌握好这些要素的设计规律，对其进行有效的处理才会使设计尽善尽美，无懈可击。

一、包装图形的设计要点

1. 准确性

(1) 在包装设计中，首先是要求包装设计能直观地传达包装内容信息；

(2) 在不欺骗消费者的前提下，通过各种手段对商品进行包装，使包装设计准确、生动，具有鲜明个性并以独到的设计艺术和工艺技术手段传达商品信息，使消费者通过商品的包装，对商品产生兴趣和购买欲；

(3) 因此，要求设计师在进行包装设计之前，应对所要包装商品的商品性能、特点进行分析和研究，抓住商品的主要特征，准确达意，使之不混淆于其他商品，以免使消费者得到模棱两可或错误的信息，产生歧义，影响销售；

(4) 同时，还应对不同地区、民族的不同风俗习惯加以准确表明，还要适应不同性别、年龄的消费对象，给各类别和层次的消费者带去方便，使消费者在进行选择时，能在众多商品中准确选定自己所需的商品。

2. 简明性

包装中的图形一般通过"简"的手法达到直接、快速地传递商品属性和视觉信息的功效。简洁的图形，醒目的色彩，通俗的文字说明，让消费者易读易识、一目了然，在瞬间便能抓住消费者的视线，吸引注意力。让消费者能快速明白包装的是什么东西，适合什么人用等。

3. 新颖性

在商品包装中，要使自己的商品能与其他商品拉开距离，独树一帜，就要使自己的包装具有个性化特征，这样才能形成鲜明的特色和强烈的竞争力，具有独特的形象力，给消费者留下强烈的印象，更有效地传达信息。

4. 真诚性

包装的形象要给人诚实可信的感觉，严肃可靠的产品质量感受，诚信和真切的概念，使得消费者能放心地购买商品。不能运用虚假图形或文字说明宣传误导消费者，这样会影响商品的销售、损坏企业的形象，同时也会失去消费者对企业和产品的信任。

二、包装设计的设计定位

在日渐激烈的商品经济竞争中，由于物质文明的逐步提高，消费群体的特征和差异性显现得愈加明显，市场表现为多样化。设计师要做到准确地定位设计，依靠的是深入的调查研究——消费者对产品是否熟悉，产品自身有什么特点，包括产品自身的性质、功能、先进程度等；以及与其他商品有什么不同之处；除掌握其商品属性外，还应了解这个商品是针对哪个阶层、哪个群体的？他们的接受层次和欣赏水准是什么？并了解国内外同类产品的特点及包装现有水平？了解厂家在包装宣传方面的资金投入是多少？抓住最能反映和表现这些商品的特点，并能以消费者所喜爱所接受的表现形式进行构思。设计师只有依照市场的多样化、差异化的规律和某一消费群体的潜在市场需求，有针对性地进行创造才有可能设计出符合时代潮流的作品。所谓包装的设计定位，主要意义在于把自己优于其他商品的特点强调出来，把别的竞争对手所忽略的部分重视起来，将商品内在的意义与定位目标群的心理需求契合在一起，确立设计的主题和重点。

设计定位极力推崇的是积极、能动地促进商品销售，创造独特的销售意念。通常设计策划部门整合出详细的营销策划书，之后设计部门会对其进行理解分析，找到视觉表现上的切入点，将其视觉化，并尽量力求从不同的角度来进行创意表现。设计定位的内涵就是明确"我是谁？卖什么？卖给谁？"的问题，也就是在强调商品信息准确有效地传达。随着现代人

们消费观念日趋个性化的改变，营销策略的手段也在逐步个性化、现代化，所以现在呈现在大家面前的包装设计也是越来越丰富多彩，已经不单纯是停留在满足包装的功能性的表现上了，更多的是对个性化、多视角和时代特征的侧重和强化了。

包装是门综合艺术，是研究商品、生产、销售、消费者之间的紧密联系的一门学科。现代包装设计的定位一般包括品牌定位、产品定位和消费者定位三方面内容来体现的。

1. 品牌定位

品牌是企业的无形资产和最佳经济效益的载体，是某一产品用以区别其他竞争对手的主要手段和策略。优秀品牌形象一旦确立，会给企业带来巨大的社会影响力和竞争力，会在消费者的心里树立起对企业较强的信任度和消费信心。品牌一旦形成一定的知名度和美誉度后，企业就可以利用品牌优势扩大市场，促成消费者品牌忠诚度，有助于企业在同一品牌下创建不同类别的产品形象，达到一荣俱荣的效果。品牌定位不同，所呈现出来的设计风格也会不同，里面所承载的企业文化也会有差异。当定位确立之后，设计就会随之而进行。在包装设计时要注重突出品牌的视觉形象力：品牌的色彩形象、品牌的图形形象、品牌的字体形象的视觉表现（图8-1～图8-3）。品牌定位实际上所做的就是向消费者表明"我是谁"。

图8-2："天使之恋"品牌设计及产品包装设计

图8-1："富士胶卷"包装形象设计

图8-3："可口可乐"品牌设计及产品包装设计

2. 产品定位

产品定位是指企业对用什么样的产品来满足目标消费者或目标消费市场的需求。在产品定位中主要包括以下内容：产品的功能属性定位、产品的产品线定位、产品的外观及包装定位、产品的卖点定位、产品的基本营销策略定位、产品的品牌属性定位。在实战中，应将产品固有的特性、独特的优点、竞争优势等，和目标市场的特征、需求、欲望等结合在一起考虑。其中分析自身及竞争者所售的产品，是定位的良好起点。在包装设计中产品定位就是要明确地告诉消费者"卖什么"，要使消费者在看到包装的那一刻就能迅速地通过包装对产品的特点、用途、功效、档次、产地等方面有直观的了解（图8-4～图8-7）。

3. 消费者定位

消费者定位是指对产品潜在的消费群体进行定位，依据消费者的心理与购买动机，寻求其不同的需求并不断给予满足。对消费对象的定位也是多方面的，比如从年龄上，有儿童、青年、老人；从性别上，有男人、女人；根据消费层，有高低之分；根据职业，有医生、工人、学生等等。作为企业在面对行业发展的趋势中要有超强的触觉，并能及时把握本行业趋势和消费者的需求。比如，在方便面行业中，白象面就做得很好，可谓是这方面的优秀代表：随着人们生活水平的提高，人们对于方便面的消费需求点由以前的方便向营养进行了转化，白象正是通过对消费者行为的分析，从而研制出大骨面并成功推向市场。对消费者行为进行分析并不是要求我们去满足所有消费者的需求，而是找出最适合、与企业资源状况最匹配的消费群体，集中运作去满足这部分消费者的需求。在包装设计中也是如此，要清楚不同的消费群体中存在的层次差异，层次不同需求也就不同；另外不同的地域环境、气候特征、整体经济状况、宗教文化、风土人情都会成为直接影响消费者对商品进行选择的标准；还有，消费者所接受的文化教育程度也会影响其对产品包装的理解和要求。所以说，对消费者层次的细分，合理量化个体与群体之间的关系，解析消费者购买动机和心理因素，是消费者定位的关键所在。在包装设计中的消费者定位就是要清楚产品是"卖给谁"，充分了解目标消费群的喜好和消费特点，包装设计才能体现出针对性和销售力（图8-8～图8-11）。

图8-4～图8-7

图8-8～图8-11

图8-12~图8-16

三、包装上的平面设计要素

设计师在进行包装设计时会不由自主地将自己的审美和情感表现在设计作品中，所以即使在同一个设计要求前也会表现出截然不同的两个设计方案。但即便如此，所有的设计师都会从相同的基本设计要素开始着手进行创造，只是每个人对"成功"的理解和表现手段不同而已。这些设计要素是包装设计过程中不变也不可缺少的。换言之，包装上所涉及的内容很多，包括牌名、商标、品名、商品形象、产品说明、厂名厂址、成分、含量、适用对象等等。以上因素如何在确定的尺寸规格的画面空间里完美无缺地组合在一起；突出什么、加强什么、文字如何经营、字体如何变化、颜色如何布置等，都是设计师在设计活动过程中所要全面思考的内容。在整理构成画面的诸多要素的基础上选准重点，突出主题，安排好视觉流程先后秩序是设计构思的重要原则。具体概括而言，在销售包装的设计过程中主要会涉及到文字、图形、色彩、造型结构、版式编排、肌理与附件这几大要素，他们是设计中包装信息传达的必须要素。设计师必须要掌握这些要素的视觉传达规律和表现方法，认识和充分理解他们的特质和规律对设计的成功来说十分重要。

1. 包装上的文字要素

文字在包装设计中是第一传达要素，是向消费者传达商品信息的最直接途径和手段，它的作用是显而易见的。我们可以在众多优秀的包装设计中看到文字所发挥的作用与魅力，它功不可没，它不仅起着最为有效地传递商品信息的告之功能，同时还体现着超强的装饰功能，能有效地帮助企业塑造良好的品牌形象。文字在包装的平面设计中占有极大的比例，得体、适宜的文字设计不仅可以让包装清晰地展现其品牌特色，更能凸显出包装物的质量，提升消费者对产品的信赖感。包装上的文字根据其功能性分为三大类别：品牌形象性文字、广告宣传性文字、功能性说明文字。

(1) 品牌形象性文字

主要包括品牌名称、商品名称、企业标识（文字性商标）和厂名等。这类字体是商品的第一视觉识别要素，在设计时要求醒目、便于识别、个性突出，并且要安排在包装的主要位置上。第一，品牌字体设计要注重品牌视觉个性和商品属性的表现、要加强产品的视觉吸引力、要从商品的内容物出发、做到形式与内容的统一；第二，其笔画的粗细、字体的大小、气质和神韵，都要能够直接体现产品的特性、档次及企业实力；第三，还要注意不论怎样设计，都要注重字体的可读性，要保证字体本身最基本的书写规律，变化较大的处理不应放在字体的主笔画上，应放在副笔画上，以保证文字的可读性；第四，品牌形象性字体多由两个及两个以上数量的文字组成，设计时要注意多个字之间处理手法的统一性，注重整体感。品牌形象性文字设计的好坏直接影响到包装设计的成败，它承担着信息传递视觉化的作用，是视觉传达中进行沟通的主要媒介物（图8-12~图8-16）。

(2) 广告宣传性文字

这类文字就是包装上的"广告语"部分，是体现产品特色的具有宣传性的口号。"广告语"在策划时应注意广告语的简洁性、生动性和可信性，在字体表现时应注意在形式上活跃、色彩鲜艳醒目、设计与编排自由灵活、加强装饰性，这样可以起到很好的促销作用。但是不管怎样变化，其视觉表现力不应该超过对品牌名称的处理，要注意画面的主次关系。如"新品上市"、"买一送一"、"鲜香松脆"、"加量不加价"等（图8-17~图8-21）。

(3) 功能性说明文字

主要包括产品成分、产品用途、使用方法、功效、使用对象、生产日期、保存方式、产品规格、生产厂家、保质期限、容量等等。这些功能性说明文字是让消费者在近距离内详细阅读文字，基本上不需要有设计变化，通常采用可读性很强的印刷字体，以保证高效率的信息传达。如黑体、宋体、幼圆、中黑简、楷书等等，并将这些说明文字的内容加以分门别类，而后选用上述不同印刷字体加以区别，而且字体大小、粗细也在区分范围之内；还要说明一点，这类文字通常都放在包装的背面或次要的位置上（图8-22~图8-26）；另外，这类说明文字字号不宜过小，要考虑它的可读性，字体选择不宜过多。

随着商品流通的日趋全球化，我国的出口商品越来越多，许多的商品包装除了中文的说明外，还要标注上对应的英文说明文字，而且我国对于进口的商品在销售时也有明确的中文标注。因此，中文与英文对照组合的应用情况在设计中是十分常见的，中文字体与拉丁字体在字型特征和应用特点上都有所不同，设计师要将它们和谐地组合在一起时需要下一番功夫精心设计。一般情况下组合设计要注意以下的原则：字体风格要和谐、字号大小要和谐、字体灰度要和谐、分开排列便于阅读。

2. 包装上的图形要素

语言、文字和图形是人类沟通的三种基本方式，前两种往往会受到国界、地域、种族的限制而影响到人类间的交流，唯有图形是不受任何因素的限制和影响的，它可以表现出人类心灵共通的视觉感受与内心的情感；其次，传递信息直接与迅速是它的另一特点。

在包装设计中，图形要素是构成包装视觉形象的主要部分。它具有很强的直观性，以其丰富的表现力和个性化的形象语言，迅速有效地、生动地传达着商品信息。在市场竞争中，商品除了功能上的实用和品质上的精美外，包装则更加具有对消费者的吸引力和说服力，凭借图形的视觉影响，将商品的内容和相关信息传达给消费者，从而促进商品的销售。设计师要掌握图形要素在包装设计中的重要性及其基本创作原则，学会图形要素的设计方法和表现形式，才能创造出优秀的包装设计作品来。

图8-17~图8-21

图8-22~图8-26

3. 包装上的色彩要素

如果不使用语言进行交流，颜色与图形是传递信息和表达意思最快捷的方式。对设计师来说，色彩就是工作。对于包装设计而言也是如此，色彩运用于盒体的方方面面，它是品牌标志的一部分，将品牌个性在视觉上得以充分的展现。不同的商品通过色彩变化，以各自的专属色彩出现，时间久了某一色彩不断刺激目标对象的视觉便使这个色彩成为某一公司或商品的特定色彩（专属色）。如特定的中黄色就成为柯达公司及其产品的专属色，一提到柯达人们就会想到中黄色，这种黄色成了胶卷的替代色；我们还可以数出很多类似这样的企业专属色，富士绿、Coca-Cola红、Pepsi蓝等，这种色彩特点被称之为"染色现象"。一个品牌的色彩所有权，只能通过坚持不懈的使用企业标准色来获得社会对此颜色的认同感。设计师必须尊重品牌的视觉资产，从企业的标准色和辅助色中创造新的设计。其次，在市场竞争中色彩可以起到与其它竞争对手拉开差距的作用。也就是说，当从盒体结构、包装形式、包装材料等这些方面都很难与对手拉开差距时，可以大胆地采用"树立品牌的色彩个性"的方法达到使商品脱颖而出的目的。另外，在家族式的系列包装中色彩可以让同类商品中同一系列的产品特征更明确，庞大而整体的色彩冲击力可使消费者感受到商品背后的企业实力，无形中就加强

了对品牌的信任感和购买力的促进。比如，国内品牌"光明"乳业，企业标识的色彩统一在大红底色上配有两个白色大字——"光明"，视觉效果清晰夺目，品牌名称和行业属性突出。这个专属色使其形象在国内的同行业中确立起来，个性鲜明、独具特色，它在其系列产品消毒奶、保鲜奶、酸奶、果汁饮料、奶粉、奶酪等产品中都得以广泛使用，使消费者在购买乳制品时很容易辨认，产生强烈的购买倾向。在这里要强调一点：商品专属色的确立有严格的要求，不能盲目地依据设计师的个人喜好而定，而是要符合商品属性特征。

（1）色彩在包装设计中的重要性

色彩是包装远观的第一视觉效果。调查表明，顾客对商品的感觉首先是色，其后才是形。顾客在最初接触商品的20秒内，色感为80%，形感为20%；在20秒至3分钟内，色感为60%，形感为40%。另一测定则表明，购物者用于观察每一种商品的时间在0.25秒左右，这0.25秒的一瞥决定了消费者是否会从无意注意转向有意注意。所以商品包装必须要先以"色"夺人，一举网住目标顾客的心。包装的色彩要与商品本身的用途和特性相适应，通过刺激视觉勾起联想从而影响人们对商品的评价和购买行为。

（2）色彩的商品属性

包装的商品性是指各类商品都有各自的倾向色或称属性色调，这是同其他绘画用色最大的区别。例如食品、化妆品、五金用品、娱乐用品、文教用品、医药用品等等都有不同的属性用色。属性用色同构图、表现手法等要素共同构成了某类商品的属性特征。即使是同类商品也还有其属性色上的区别，如镇静药和滋补药，中药和西药，化妆品中女士用品和男式用品等。具体地说，镇静药的作用是使人冷静、安静、免除过度的兴奋感，就适合选用蓝绿之类的冷色调才符合人们的心理需求；而滋补药多以中草药为主，色彩多采用棕色、土黄、赭石等色为主。这种色彩属性的形成因素是久远而复杂的、是生理的、心理的习惯反映，不必究其根底，只要在设计中充分考虑到消费者的主观感受和传统文化的影响，遵循其规律就好；同时在现代包装设计中也不乏颠覆传统习惯色彩应用的优秀实例，也赢得了市场的认可和接受，设计并非一成不变。

（3）色彩在包装设计上的应用原则

为实现宣传商品、美化商品、促进商品销售的目的，对包装色彩的运用必须依据现代消费社会的特点、商品的特性、消费者的习惯喜好、国际国内流行色彩变化趋势等，这些方面要及时了解和研究，不断增强色彩的社会学和消费心理学的意识，跟得上整个社会发展的要求。

（4）包装色彩的视觉心理

色彩的视觉心理是指不同波长色彩的光信息作用于人的视觉器官，通过视觉

神经传入大脑后，经过思维，与以往的记忆及经验产生联想，从而形成一系列的色彩心理反映。色彩本身是没有灵魂、没有感情的。长期的社会活动中积累的经验和记忆使人们在生理上和心理上对色彩形成了一种习惯性的色彩印象，并赋予它某种感情。所以色彩运用的最终目的就是表达和传递人类的感情。包装设计师要对此有所了解，并要准确地将其运用在设计当中。

色彩性格与象征：

各种颜色都有其独特的性格，称为"色性"。它们与人类的色彩心理、心理体验相联系，从而使客观存在的色彩仿佛有了复杂的性格。

红色——在可见光谱中红色光波最长，折射角度小，空间穿透力强，对视觉影响最大。给人夺目、鲜艳、兴奋、温暖之感；同时也容易引起注意、激动、紧张的感觉。看到红色还会让人联想到火、血、红花、太阳、火焰……。另外，由于红色过于强烈而容易暴露，故也能作为野蛮、战争、危险的色彩，像报警信号、交通信号灯等都是用红色来表示的。

在自然界中，不少芳香艳丽的鲜花，丰硕甘甜的果实和不少新鲜美味的肉类食品，都呈现红色，因此给人留下了艳丽、芬芳、青春、富有生命力、充实、饱满、鲜甜、甘美、成熟、富有营养之感，很能引起食欲。

黄色——是亮度最高的色，在高明度下能保持很高的纯度。

黄色有着太阳般的光辉，它是光源中的主要色彩，所以有光明、辉煌、灿烂、轻快、柔和、纯净、充满希望的感觉。封建社会，黄色代表中央，是皇帝的专用色，百姓不许用。黄色被看做是权力、威严、财富、高贵的象征，是骄傲的色彩。

黄色虽然明度最高，最具有扩张力，但是它的色性也是最不稳定的，是最娇气的色彩。黄色最不能遭受黑色或白色的侵蚀，一旦接触这两种颜色，黄色就失去原来的光彩。黄色与紫色、蓝色、黑色等组合，又会显出强烈、积极、辉煌的一面。

很多花朵呈现出美丽鲜艳的黄色，所以它能联想到花的芳香。黄色也是丰收的色彩，秋天的黄色更是绚烂。食品中的糕点、香脆食品等都能给人以甜酸、奶油、香酥等感觉；许多水果比如柠檬呈现黄色，又有酸感，能引起食欲。

橙色——波长仅次于红色，明度仅次于黄色，因此橙色具有红、黄两色之间的特性，是暖色系中最温暖的颜色，是色彩中最响亮且十分欢快、活泼的光辉色彩。它还给人明亮、华丽、健康、向上、兴奋、温暖、愉快、芳香、辉煌之感。另外，由于橙色的易见度强，因此在工业用色中，又作为警戒的指定色，如救生衣、养路工人的工作服、建筑工人的安全帽等。

橙色是橙子的色彩，成熟的桔、柑、釉、玉米、金瓜、南瓜、木瓜、菠萝、柿子、杏等也都是橙色，给人以香甜感，使人感觉充实、成熟、愉快和富有营养，橙色是最能引起食欲的色彩，而且仿佛能嗅到食物香甜的味道。

绿色——温和的色彩，是人眼最适应的色光。绿色是自然界植物的色彩，最为宁静的色彩，显得如此宽容，无论是渗入了蓝色或黄色，仍然很漂亮。黄绿色单纯、年轻；蓝绿色清秀、豁达；灰绿色宁静、平和，就像暮色中的森林。

绿色在工业用色规定中，是安全的颜色，在医疗机构场所和卫生保健行业中是健康、新鲜、安全、希望的象征。它又是农业、林业、牧业的象征色。绿色食品，代表健康。

蓝色——蓝色在可见光谱中波长较短，对视觉的刺激较弱。

蓝色是个博大的色彩，很容易被人联想到天空、海洋、湖泊、远山、冰雪、严寒，让人感到有崇高、深远、纯净、透明、无边无涯、冷漠、流动、轻快、洁静的感觉。当人们看到蓝色时也会有安宁、理智的感觉。蓝色也是永恒的象征，是前卫、科技与智慧的象征。在西方，蓝色又是名门贵族的象征，即所谓的"蓝色血统"。蓝色又象征悲哀、绝望，"蓝调音乐"即悲哀的音乐。人们还把它看作是科学探索的领域，因此蓝色就成为现代科学的象征色。它容易给人以冷静、沉思、智慧和征服自然的力量。

紫色——在可见光谱中波长最短。紫色是非知觉的颜色，神秘且给人印象深刻，紫色的变调会产生不同的效果。

紫色与蓝色组合变为蓝紫色时，表现为孤独、寂寞；

紫色与红色组合变为红紫色时，显得复杂、矛盾，代表神圣的爱情；

当加黑色变为深紫色时，又是愚味和迷信的象征；

当加白色，变为淡紫色后又好像天上的霞光，动人。

不同层次、不同倾向的淡紫色都显得柔美动人，具有强烈的女性化倾向。自然界中的紫色较为稀少。紫色给人以高贵、优越、奢华、幽雅、流动、不安等感觉。紫色的应用原则是：少而贵、多而贱。

白色——白色与黑色是极端对立的，由于白色反射所有热能，所以使人感到凉爽、轻盈、舒适。

在中国，白色被当作哀悼的色彩，表示对死者的缅怀。

在西方却不同，白色是婚礼中新娘子的服装色彩，飘逸的白婚纱是纯洁、神圣、幸福的象征。

白色明亮、干净、卫生、畅快、朴素、雅洁、直率、坦荡、明洁、圣洁、一尘不染。

白色没有味感，但在应用食欲色时仍少不了它，因为它能衬托其他色，使得其他色个性更强。白色洁净，一尘不染，所以又是医疗卫生的象征色。

黑色——是完全不反光的色，使人联想到黑夜、生命的终极，给人以一种神秘的感觉，是黑暗、死亡、恐怖的象征，是消极的颜色。

同时黑色又能表现出一种刚毅和勇敢的精神，具有男性坚强、刚毅的性格特征。设计时用黑色去衬托亮色，亮色显得更亮；用它去衬托暗色，暗色显得更有层次；同时，如果单用黑色，则显得大方、高雅。

灰色与自然色——最被动的色彩，它居于黑、白中间，是中性色，依靠邻近的色彩获得生命，缺乏明显的个性，适合与任何色彩相配合。

灰色一旦靠近鲜艳的暖色，就会显出冷静的品格；若靠近冷色，则会变为温和的暖灰色。

灰色是色彩和谐的最佳配色，它不会影响相邻的任何色彩，是视觉最安静的休息点。

灰色是最复杂的色。高级毛料、高级汽车、精密仪器都用灰色作单色装饰，所以漂亮的灰色作单色使用是很高雅的，但只有较高文化层次的人才会欣赏它。因此，灰色有时给人以高雅、精致、含蓄、耐人寻味的印象。

金属色——是指质地坚实，表层平滑，反光能力很强的颜色。主要指含金属的颜料。尤其金、银给人以辉煌、高贵、华丽、活跃的印象，色彩一经与它们并置，立刻显得富丽堂皇。

荧光色——只有浅色，如：柠黄、淡黄、中黄、朱红、橘红、橘黄、淡绿等。若以深色相衬，更显得耀眼夺目；如果与其他颜料混合，则立刻不显荧光。这些色在设计中不宜多用，用多了显得低劣不堪。而且它们的覆盖力不强，只能在白底上用，与深色作并置衬托，方显得有荧光感。

（5）包装色彩的民族性和流行性

不同的国度、民族和地区，对色彩的感受和好恶是不尽相同的，各自都有着强烈的民族特色。随着世界经济的发展，各国的国际交往日益频繁，国内产品需要大量倾销国外市场，国外的产品也会大量的进口到本国。设计师要对这方面的知识有所了解，要有这方面的思想意识。产品进行包装设计时要做好充分的调研工作，避免造成不必要的麻烦。无论作为谁都不能将自己民族的色彩意识强加于人。现如今由于世界交流的频繁，地区意识和民族意识在逐渐淡化，逐渐都趋于国际化，各国之间对于色彩的界定不再像以前那样强烈。不过，对于包装色彩的运用也必然要不断地遵循社会发展的规律。

在这里简单列举几种颜色在不同国家所代表的不同含义，仅供大家参考：

蓝色——象征男子气概（瑞典）；

象征女性色（荷兰、瑞士）；

黑色——象征男子气概（日本）；

粉红、肉色、粉绿、紫色——象征女性色（中国）；

红色——最纯洁色（美国、瑞士）；

最低劣的颜色（英国）；

被视为喜庆色、"革命"色（中国）；

黄色——代表"死亡"的色彩（伊斯兰教地区）；

红三角——有毒的标记（捷克）；

绿三角——免费的标记（土耳其）……

除此以外还有很多，不再一一列举，不过这些颜色在不同国家所代表的含义不是固定不变的。随着国际间交流的加强很多观念都在淡化，要求设计师随时关注它的变化，设计前做好必要的社会调研工作，避免产生不必要的麻烦。

（6）包装的色调

色调在设计色彩学中是指一个色彩整体构成倾向的总概念，即一件包装设计作品中全部色彩所组成的总的色彩效果，是一个色彩组合与其他色彩组合相区别的体现。构成一幅主色调的画面一般主导色约占75%，衬托色约占20%，点缀色约占5%。

在进行包装设计之前应作色彩的整体规划，从企业标准色、商品的功能、市场同类商品的竞争色彩，从本商品独具魅力的特色及计划所达目的性出发，以色彩审美规律的运用贯穿始终，在用理性来控制色彩效果的同时，不忽视色彩的感性认知经验，根据设计者个人的审美经验，所产生的色彩感觉对设计作出解释，最终达到配色的完美。色调有时能左右人们的情感和欲望，色调处理的好坏有时决定着设计的成败，也是检验一个设计者专业水平和修养的标准所在；同时，包装设计中选好色调对于商品的促销起到至关重要的作用。

鲜艳色调——色彩纯度高，多为原色对比，色彩交响热烈，画面活跃欢快，生动鲜明，视觉冲击力强，感召力大。这种色调一般用在食品和儿童用品包装上，尤其食品、玩具。红、橙、黄能使观者心跳加快，血压升高，所以使人产生热量的感觉。运动产品的包装设计，红色应用总是占据首位；褐色调又可以联想到咖啡、巧克力等浓郁的香味，食欲感很强；而蓝、蓝紫、蓝绿能使人血压降低，心跳减慢产生冷的感觉。医药类包装、科技产品的包装多用冷色调（图8-27、图8-28）。

温和色调——色度较低，对比弱，给人以浪漫、自然、温和、娇柔、雅致、庄重高贵感。此色调一般用在化妆品、高档礼品和一些药品的包装上（图8-29～图8-31）。

清晰色调——多为冷色与黑白的构成。给人以纯洁、新颖、时髦、洒脱、朴实无华、清雅高贵之感。多用于文教用品、五金用品和一些烟酒包装上（图8-32～图8-34）。

图8-27、图8-28：鲜艳色调

图8-29～图8-31：温和色调

图8-32～图8-34：清晰色调

图8-35、图8-36：黑、白、灰色调

图8-37～图8-39：金属色调

黑、白、灰——色度极低，可极大幅度地拉开画面空间和韵律，能衬托和对比出其他颜色的色彩感，使画面清新明快。经常大面积应用，形成独有的主色调，更具高贵纯洁的感觉，多用于化学制品和五金产品等包装设计中（图8-35、图8-36）。

金、银、电化铝——属金属色。

在所有颜色中身价最高，象征财富、权势、地位。在包装中多用于高档商品包装上，如馈赠礼品、高档烟酒、滋补药品、化妆品等，给人以富贵、豪华、高贵典雅之感。由于其反光性较强，多与反差较大的颜色构成画面。有时应用面积虽小，却起到 "画龙点睛"的作用，具有强烈的吸引力和共鸣感（图8-37～图8-39）。

应注意的是，在激烈的市场竞争、包装装饰争相拔高的形势下，不少包装不分档次，不分商品品种的大面积滥用金、银和电化铝，既提高了印刷成本（也是商品成本），又降低了金、银和电化铝的"身价"和包装的档次。

4. 包装上的版式编排要素

丰富的商品给当今的生活带来了不同的选择余地，不同的文化、教育、职业以及个人嗜好会在商品选择中充分地反映出来。编排设计是通过形式美的法则将包装装潢中的设计要素(商标、文字、色彩、图形等信息)巧妙地组合起来，使商品的包装更好地完成其宣传和促销功能。

如何要让自己的设计在消费者的选择中"中标"，除了要依托一套优秀的产品投放市场的整体推广计划外，还要有优秀的视觉表现使其在一定程度上设法提高商品的档次和增强个性魅力，其中包装编排设计是最重要的一环。商品包装设计的平面设计要素中文字、图形、色彩是最重要的组成部分，每一个要素都具有自己独立的表现力和形式规律，在前面的章节中都已经分别做了介绍。那么，在包装盒体的有限空间内，如何去经营各设计要素，处理好它们之间的位置关系、色彩关系、大小关系、前后层次关系以达到良好的视觉表现力和信息传播力是设计的关键，也是设计师主要的工作。反之，这些要素缺乏协调配合的关系，也不会让包装作品有良好的视觉效果，大大减小包装的视觉表现力，削弱商品销售力。包装装潢的编排设计是一项整体设计，需要合理组合各项设计元素。设计中如果过于突出功能性则会影响包装的整体视觉效果。而一味追求视觉冲击却忽略

文字和图形的详尽传达，则会削弱包装的实用性。

人类是按照美的形式规律进行造型活动的。美，可以给人以启发与愉悦感。人们从自身长期生产、生活实践中，不断积累、探索和总结相同的具有普遍性和共识性的认识，便是客观存在的美的形式法则，并以此为依据进行创作活动和对形象进行审美。包装设计也必然面对这一艺术学科共通的课题，伴随着现代科技文化的不断发展，人们不断深化对美的诠释。所以，包装设计要在排版上注意它的形式美感，下面介绍几条形式美法则给大家参考。

（1）比例与分割

比例是指包装的部分与整体、内包装与外包装、容器与实物等等之间的体积、造型的数量关系。著名画家达·芬奇曾以人类自身身体尺度为中心，进行比例尺度的研究。比例是在尺度中产生的，比例一般可分为黄金比例、根号矩形比例、数列比例三大类。如何在比例关系规定的空间之内把文字、图形巧妙地配置起来，分割的编排手法便成为造型展开的关键。比例是体现视觉美感的基础，是决定设计的尺寸大小以及各单位间相互关系的重要因素（图8-40、图8-41）。

包装造型的外形、线条、色彩、文字等一切要素，相互间有良好的比例关系才能给人以美感在编排设计里，内在结构的分割方式决定了视觉效果的优劣与风格特征，是设计开始时最应优先考虑和策划的步骤之一。

（2）对比与调和

在包装设计中把图形、文字、色彩、肌理等要素综合考虑，相互结合、相互作用，突出个性，创造出差异，形成对比的效果，以有效地突出商品形象和个性，产生多彩多姿的表现力。前面我们曾提到过色彩的对比。包装编排设计中对比的表现因素还有很多，如大小、曲直、高低、多少、粗细、疏密、轻重、动静、虚实等，都是有效的对比表现形式，而调和的意义在于设计要素在整体中以和谐统一的面貌出现。强烈对比会使视觉效果活跃、明朗、张扬；调和感增强时，则会显出柔和、安祥、内向、单调的性格特色。对比中要有调和，调和中要求对比，并决定在包装编排设计中采用什么样的对比与调和形式（图8-42~图8-44）。

（3）对称与均衡

对称与均衡是设计中求得中心稳定的组织形式（图8-45、图8-46）。对称的方法是以中轴线为基准，进行同形同量的配置，使画面结构严谨，形态整齐平衡。均衡则是两个以上要素之间构成的均势状态。如在大小、轻重、明暗或质地之间构成的平衡感觉。它强化了事物的整体统一性和稳定感。设计师在充分考虑到页面中图形、文字、色彩等基础上，需要利用自身积累的经验，通过色彩、图形、文字的摆放位置，正确把握画面，以达到页面的视觉平衡。

图8-40、图8-41

图8-42~图8-44

图8-45、图8-46

图8-47、图8-48

图8-49、图8-50

（4）节奏与韵律

韵律最初出现于诗歌。节奏本身没有形象特征，表现事物运动中的快慢、强弱作用时，在画面当中就有了形象。包装设计中同样具备节奏与韵律性，文字、图形、色彩的大小、形状、方向、前后层次的搭配就会出现音乐版的流动感，创造出丰富的视觉画面（图8-47、图8-48）。

5. 包装上的肌理要素

肌理是指物体表面的组织纹理结构，即各种纵横交错、高低不平、粗糙平滑的纹理变化，是表达人对设计物表面纹理特征的感受。一般来说，肌理与质感的含义很相近，当肌理与质感相联系时，它一方面是作为材料的表现形式而被人们所感受，另一方面则体现在通过先进的工艺手法，创造新的肌理形态。不同的材质，不同的工艺手法可以产生各种不同的肌理效果，并能创造出丰富的外在造型形式。肌理分为自然肌理和创造肌理两大类。在现实生活中像树皮、木头、石头、布、皮革等自然形成的纹理，就称为自然肌理；通过雕刻、压揉等工艺在原有材料的表面经过人类加工改造后，再进行排列组合而形成的与原来触觉不一样的肌理形式，称为创造肌理。

肌理的效果目前在平面设计、产品设计、建筑设计中应用十分广泛。如果肌理效果应用得恰当，可以使设计具有很强的艺术魅力。另外肌理的构成形式可以与重复、渐变、发射、变异、对比等形式综合运用。当大家走进琳琅满目的超级市场时可能不乏有这样的感受，现在商品包装中有一些应用肌理效果很好的设计，它们在众多的商品中脱颖而出，给人留下很深的印象。其中，在化妆品、高级酒类、奢侈品的包装中应用最多。设计师可以单独使用金属、玻璃、木材等包装材质，或把上述材料与纸制品相结合，让人们直接去感受材料本身带来的视觉与触觉的自然感受；或者在不同的材料上面进行抛光、烫刻、激光切割等方式来创造包装物表面的肌理效果，使包装具有更高的品质感，吸引消费者的青睐。设计师在画面中巧妙地运用了质地肌理，并结合电脑技术进行了特殊的制作处理，加之新奇的创意定会使其作品效果超凡——自然、朴实、华贵、精致。

日本千叶大学曾对16种具有代表性的材料做了感觉特征方面的调查，通过调研分析将感觉归为三大类，即"温暖感"、"高级感"、"放心感"。纸质材料给人以温暖感；金属、玻璃、陶瓷给人以高级感；天然纤维、皮革、木材给人以放心感。所以说，肌理是包装的平面设计中重要的要素之一，也是包装设计师们在包装设计过程中必须考虑的问题，它能帮助设计师拓展创意思路，展示设计效果；并能美化商品，提高商品的价值，增强消费者对商品品质的信任度，形成使消费者在视觉、触觉上超强的诱惑力及购买欲（图8-49、图8-50）。

6. 包装上的附件要素

在市场上我们会经常看到一些包装设计的形式很有新意，且还会添加一些附件来帮衬，其创意可以得到最大效果的体现。如运用绸带、麻绳等捆扎；运用瓦楞纸、塑料泡沫等材料减震；运用火印等方式进行锁闭；或运用金属、陶瓷等材料的设计进行防伪防盗。这些附件在包装的整体设计与展示中起到了画龙点睛的作用。它不仅让包装设计在材料和质感上得以丰富，还使包装颇具现代感；另外，还加强了包装的功能性。不过，在包装中添加附件一定要注意数量和种类不宜过多，要简洁明确不宜过于繁琐；而且附件的添加会大大增加包装的成本，要注意进行成本核算（图8-51~图8-53）。

以上是包装设计所涉及到的各构成要素，它们各自都有着自己独特的特征，但彼此之间又相辅相成、相互依托、紧密相连。设计师必须要掌握这些要素的视觉传达规律和表现方法，只有认识和充分理解了他们的特质和规律才有可能设计出好的包装作品来。

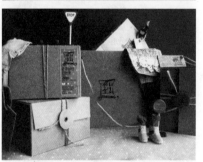

图8-51~图8-53

四、包装画面主体形象的表现形式及方法

（1）包装画面主体形象的表现形式

包装设计中图形部分作为主体形象，可以将设计核心进行浓缩，有效准确地传达商品内装物的信息。它的表现形式可归纳为以下几种：

1）以商品的自身形象为主体形象

这是包装设计中常用的表现手法，画面的主体为真实的或抽象的商品形象，一般以摄影手法表现为最多，或采用较写实的绘画效果及产品效果图的形式，让消费者从包装上就能真实地了解商品的外观、材质、色彩和工艺等。尤其在食品、饮料等包装中应用最为广泛，以表现食品香甜的诱惑力来冲击人们的视觉，诱发食欲刺激购买。此种表现形式的效果比较直观、醒目，商品形象真实生动，让消费者一目了然，便于识别选购（图8-54~图8-58）。

2）以产品的生产原料为主体形象

这种包装图形形式是将制造商品的原料展示出来告诉消费者，以取得消费者的注意和信任。这类商品在加工后很难看出原来的材料，而有的原材料却具有特

图8-54~图8-58

图8-59～图8-63

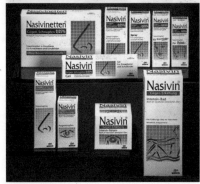

图8-64～图8-68

殊性或与众不同的特点，为了让消费者深层次地了解到这些，便采用这种形式来表现。它不仅体现了原料本身具有的美丽外形和漂亮的色彩关系，也准确地传达出内装物的品质或品种。比如：草莓酱罐头的包装，它的画面主体形象便是新鲜漂亮的草莓果，看了让人垂涎欲滴；再比如，葡萄酒的包装，画面主体形象通常采用串串新鲜的葡萄形象出现，粒粒饱满，肉厚汁浓，给人一种天然之美。强烈的视觉诱惑让消费者产生强烈的胃觉刺激，购买冲动便偶然而生。此种表现也多为食品、饮料等商品所用，容易辨别，便于选购（图8-59～图8-63）。

3）以产品的使用对象为主体形象

有些商品会有它特定的消费对象，或是面向某一个年龄段、或是面向某一个特定群体、某一个特定的部位等等。对于这种具有专指性的商品包装，画面设计一般以具体形象来展示其商品的使用对象为表现形式，让消费者做出正确的选择，以免错误选购造成不良的影响。比如，女士商品、男士用品、儿童用品、老年人用品、宠物食品、药品等。此种表现形式针对性强，便于选购（图8-64～图8-68）。

4）以抽象的图案为主体形象

在进行包装设计时也会常用到抽象图案来进行装饰，借助装饰语言表达产品自身的特点和定位。设计师应注意图案选题的针对性和对图案布局构图的整理，要不落俗套，充分体现商品的内涵和它特定的意义。通常采用二方连续、四方连续和适合纹样等等。此种表现简洁明快、层次分明、丰富饱满、现代感强，尤其能够通过图案的风格体现出商品的地域性和所要表现的民族风格。同时，抽象图形通常会和文字、符号等元素结合来表现主体，应注意处理好画面空间的分割和黑、白、灰色调的层次关系（图8-69～图8-73）。

5）以标识或文字为主体形象

很多商品不宜或不需要用以上几种形式表现，而在画面中以极醒目的标识或文字来装饰，这是一种简单明了便于和消费者沟通和交流的方式，其形式感强（图8-74～图8-80）。由于包装盒体上面的内容较少所以设计难度相对较大，很考验设计师的设计功底。标识是商品包装在流通和销售活动中的身份象征，要

图8-69～图8-73

注意此类形式中标识与企业整体形象识别系统的统一性；以文字为主体的表现形式应在文字字型变化和构图经营上下功夫，创造鲜明的商品个性，这一点很重要。

6）以强调商品自身特点为主体形象

每个商品都具有自身的特点，设计师应该对其进行挖掘并将其进行合理表现，甚至是夸张，将这种特点根植于消费者心中。如"大大泡泡糖"的卖点就是可以吹出大大的泡泡。那么，设计时就可以根据商品的这一特点夸张泡泡的形象，可以改变泡泡与人的比例关系，吹出的泡泡甚至可以夸张成大于人的头部，甚至可以用夸张幽默的手法表现出大大的泡泡可以使人漂浮起来的感觉。这种表现方法由画面形象使人产生联想，增强了产品的魅力，让消费者喜爱。

7）以"开窗"的形式表现主体形象

现代包装中的许多商品采用开"天窗"的形式，即挖去包装的某部分面积，让产品的大部分或主要部分直接展示给消费者。让消费者直接看到真实的商品，产生更强烈的视觉冲击力和说服力。但要注意"开窗"的位置，由于地球引力作用，产品摆放在货架上时内容物都基于下方，上方多留有空间，所以"开窗"的位置适于在中下方，给人货品量充足之感。这种设计介乎包装和无包装商品之间，让人感到"货真价实"（图8-81~图8-86）。

（2）包装画面主体形象的表现手法

上面列举了多种图形要素的表现形式，就包装装潢的画面而言，归纳起来其表现手法不外乎以下三种，他们不是绝对孤立的，是相互结合、相辅相成的。

1）绘画的表现手法

在包装装潢设计中，绘画始终是一个很主要的表现手法。绘画表现法根据整体构思可以用写实或写意等不同效果，但无论如何表现，都不要离开商品这个主体。绘画手法直观性强，欣赏趣味浓，是宣传、美化、推销商品的较好手段。其中，插图是一种很好的表现手法。有些包装技术和印刷方法不适合用摄影形式表达的时候，插图可以解决这个问题。因为插图总带有一种手工制造和传统的古老

图8-74~图8-80

图8-81~图8-86

图8-87~图8-91

色彩。如今插图设计也是很多年轻设计师的爱好。插图可以表现现代的、幽默的、风趣的、时尚的、动感的等多种形式，插图的变化是无穷的。这就要求设计师有丰富的灵感。优秀的插图与包装设计师的奇思妙想结合，可以创造出一个奇妙的包装新世界（图8-87~图8-91）。

2）抽象的表现手法

抽象表现手法是以完全抽象、概念化的形象来表现对象的。多以点、线、面、色块或肌理等构成画面。如：可点彩、可用大的块面分割等方法。它简练、醒目、现代感强、形式感强、商业性强，视觉冲击力强，是一些包装的主要表现手法（图8-92~图8-94）。

3）摄影在包装装潢设计中的广泛应用

摄影是包装图像最常见的设计手法。照片根据产品的特点可以处理成彩色的、黑白的、怀旧的老照片等形式。而且通过photoshop软件处理可以出现很多意想不到的效果。细腻的呈现出产品的外观、说明产品功能，甚至联想到产品那诱人的味道……。P&G首席执行官A.G.拉夫雷说过：当品牌承诺和市场价格都能刺激消费者购买时，要运用摄影照片"赢得那真实的第一刻"。由于商品包装装潢的商品性所决定，大量的商品包装画面上要突出商品的真实形象，要给消费者直观的视觉印象，这种手法最省力，效果又好（图8-95~图8-97）。

五、包装平面设计的骨架结构形式

编排设计也可以称之为"构图"，包装的设计构图是包装装潢乃至一切绘画艺术成功与否的关键一环，是各构成因素在画面中的"经营位置"，是将商标、文字、图案、商品形象、说明、条码等有机地组合在特定的有限空间里，构成一个完美的无懈可击的整体。设计师要力求将作品达到结构严谨、主次关系明确、富有韵律变化和良好的秩序感。但要注意：一切变化都要紧紧围绕着一个特定的结构进行，没有结构（骨架）就形成不了韵律，形成不了秩序，就会不成体统，杂乱且无章。下面就介绍一下编排设计骨架结构的表现方法：

图8-92~图8-94

图8-95~图8-97

1. 垂直线构图形式

这种构图形式以多条90°垂直线构成，整个线形集合营造出的视觉关系呈垂直向上的态势。此构图结构顶天立地，颇有分量，多用外文字体或拼音文字构成画面，并采用均齐或平衡手法进行处理，也可以在局部施以小的变化来活跃和调节画面，避免呆板单调之感。总体给人带来严肃崇高、挺拔之感。在食品、文教用品、五金用品等包装上应用最多（图8-98）。

2. 水平线构图形式

这种构图形式以多条水平线构成，两线间的距离可大可小，将画面分割成多个区域，安静、稳重、平和。设计师必须要处理好水平线的分割、面积比重的变化、底色的轻重等问题，以求形成水平稳重之美感。设计师比较会习惯采用这种方法，但要注意，要在平稳中求变化，求活跃（图8-99）。

3. 倾斜线构图形式

以倾斜线为构图，在画面中形成一定的角度，给人一种很强的方向感。倾斜线或由下向上，或由上向下，形成带有动感的律动，将重要的信息引入画面，引起人们的注意。处理时应注意在不平衡中求平衡，通过必要的细节处理拉动视点的移动以达到视觉和心理的平衡（图8-100）。

4. 弧线式构图形式

以弧线构成画面主体，骨格框架包括圆形、"S"线形和旋转形。这种方式在设计中应用极广，它在画面中形成了圆润活跃的律动结构，视觉冲击力强，赋予画面以空间感和生命力（图8-101）。

5. 三角形构图形式

以三角形来构成画面主体，根据不同内容和构想，可运用正三角、倒三角来处理画面，使其分割鲜明，加强视觉刺激。在处理时三角形应与文字和图案等有机结合，增强三角形骨架的美感，像品牌名称等主要文字可将局部的笔画变化与三角图形进行匹配呼应；还要注意三角形在画面中所占的面积大小和位置关系，面积越大视觉冲击力越强。在视觉和心理上正三角形最稳定，犹如金字塔一样给人永恒之感，倒三角形则显得惊险和不安，却有很强的针对性（图8-102）。

6. 点状构图形式

这种方式画面呈散点状构图，点的概念在这里可以理解为两种：实点和虚点。点的面积可大可小、密度或松或紧，可任意摆放图形，因此所产生的结构自由奔放，使画面充实饱和，空间感强。但值得提醒的是，应注意结构上点的聚散布局，要力求均匀，注重视觉上的节奏感，重心要平衡。处理不当会使画面失去韵律感，重心不稳；同时空间的相互联系和画面分割的比重也要均衡等（图8-103）。

图8-98

图8-99

图8-100　　图8-101

图8-102

图8-103

图8-104　　　图8-105

图8-106

图8-107

图8-108

7. 方形构图形式

方形构图的骨架实际上是垂直式和水平式的组合，它稳定且和谐。处理时应注意面积大小和经营位置的巧妙变化，以打破呆板的格局，使画面在呆板稳定中呈现活跃自由的视觉效果。另外，骨架中营造的多个方形应集中摆放，不宜过散分布，可使方形骨架特征更明确突出（图8-104）。在以方形构图的画面中摆放文字时，应该注意文字字体的呼应，方中带圆为最佳，可做适量的视觉调合。

8. 中心构图形式

将主要表现的内容置于画面中心位置，并配以巧妙的装饰，使画面集中紧凑，视觉效果稳定。但运用不当会让整个画面死板陈旧，应处理好主次关系加强层次感。即色调的调合和文字的经营是工作的重点，力求画面丰富和谐，有收有放，有高雅之感（图8-105）。

9. 空心构图形式

这种方式与中心式骨架结构恰恰相反，是将主要或大部分内容置于画面边缘位置，而画面中心呈现大面积空白。处于画面正面边缘的内容可向盒体其他四个侧面甚至底部进行延展。整个画面呈现出强烈的空间膨胀感，可以激发出观者的好奇心里，消费者会通过转动盒体去寻找图形在视觉上的连贯，达到意想不到的效果（图8-106）。

10. 网格构图形式

此方法是利用线性将画面分割为多个空间形成网状结构。线性可水平和垂直交叉，也可倾斜式交叉形成网格，然后在所形成的面积中处理文字和图案等要素。不过，通过线性的交叉形成的网格会让人有僵硬、呆板的感觉，我们可将交叉点断开或在断开处做装饰来缓解这种不适。另外，交叉的线性可以是单条、也可以是多条来形成层次感。这种方法即是利用线、面的组合构成有规律的画面，给人以很强的韵律感（图8-107）。

11. 叠加构图形式

画面上的文字、图形和色块等多层次的重叠，使画面形成丰富的立体感，且有律动感。但画面由于层次较多，一定要注意将各元素之间的层次感拉开以免造成视觉上的混乱，主次不分。在画面处理时应注重色相的对比和黑、白、灰的关系。此结构在食品中应用较多（图8-108）。

以上诸多的构图骨架形式，只是理论概括，我们在实际设计中应灵活运用，不要做形式的奴隶，把握规律使其设计新颖而生动，一切为传播产品信息和促销为目的。

第*9*章

系列化包装设计

　　包装设计策略是现代营销学中的一个组成部分，在市场竞争中充分利用系列化的包装设计可以争取市场的主动性和竞争力。系列化包装的迅速发展，说明了这一包装形式顺应了经济发展市场竞争的需要，也证明了这一包装形式符合了广大消费者的审美心理。

　　在现代社会，超级市场是主要的消费形式，人们的消费行为更加的主观与主动，货架是选择购买的主要地点。商品和消费者的距离是可变的，商品自身是个无声的商品宣传者和促销员，二者之间距离的拉进基本是由商品自身完成的。超级市场内商品众多、牌号林立，要引起消费者的注意并激发购买冲动，用商品群为单位的系列化包装设计无疑是个很好的办法。系列化包装是现代化包装设计中较为普遍、较为流行的形式。它的好处在于：既有多样的变化美、又有统一的整体美；上架陈列效果强烈；容易识别和记忆；并能缩短设计周期，便于商品新品种发展设计，方便制版印刷；增强广告宣传的效果，强化消费者的印象，扩大影响，树立品牌产品。

一、系列化包装设计的概念

　　系列化设计的定义是指它是一个企业或一个商标品牌的相同种类不同品种的产品，采用一种统一而又变化的规范化包装形式。即是以局部色彩、形象或文字等因素的变化，而整体构图完整统一的处理手法，将多种产品统一起来，也叫"家族式"包装。其特点是统一中又有局部差异，使顾客一眼便知是某家某厂某牌的产品，从而树立信誉和名牌产品观念，使产品整体形象感强，给人印象鲜明，久久不忘。

二、系列化包装产生的必然性

　　在包装产业领域，随着技术水平的提高，逐渐凸现出个性化的彰显与创新，促进了包装的现代化设计中系列化的产生。原因有三：

　　（1）产品的多样化促成包装的多样化、系列化；

　　（2）个性、专业化、特色化的设计不断促成系列化包装；

　　（3）先进的包装技术开发设计与人性的结合，促使系列化的包装设计成为必然。

三、系列化包装设计的优势与作用

　　企业对所生产的同类别的系列产品，在包装设计上采用相同或近似的视觉形象设计，以便引导消费者把产品与企业形象联系起来。这样可以提高设计和制作效率，更节省了新产品推广所需要的庞大宣传开支，既有利于产品迅速打开销路，又能强化企业形象。

　　那么，系列化包装设计在市场竞争中有以下几点明显的优势及作用：

　　（1）在市场竞争中有利于强化商品的视觉效果

　　系列化的包装以商品群的整体面貌出现，其声势宏大，个性鲜明，有着压倒其他商品的视觉冲击力，能使商品信息传达快捷、强烈，迅速抓住消费者的眼球，从而激发消费者的进一步的消费行为，加强了与其他同类商品的竞争力。

　　（2）在市场竞争中有利于扶持企业品牌的知名度

　　系列化的包装使企业产品显赫，有利于以众压寡，可以大大提高商品的识别性和记忆性，有利于创造名牌，扶持企业品牌的知名度；有利于市场的竞争。

图9-1、图9-2

图9-3、图9-4

图9-5、图9-6

图9-7、图9-8

图9-9、图9-10

图9-11、图9-12

（3）在市场竞争中有利于新产品的开发

系列化的包装可起到扩大销售的作用。如果消费者对系列产品中的一种产品满意，就会对该系列的其他产品产生信任，从而引起重复的消费行为，扩大销售影响，有利于不断开发新的商品品种。特别是传统的知名品牌系列，可借历史悠久的品牌魅力来进行新产品的开发。既节省了新产品推广所需要的庞大宣传开支，又有利于产品迅速打开销路，更能强化企业形象。

（4）在市场竞争中有利于提高设计工作的效率

在设计上能适应商品经济高度发展的需要，缩短设计周期和减少设计的工作量，提高设计工作的效率，便于企业提高产品投放市场的速度。

系列化包装在销售市场上的作用及发展趋势，决定了它在市场竞争中的战略地位，早已成为包装的主流形式。

四、系列化包装的原则与表现形式

（1）同类产品，造型统一，图案（或主体形象）统一，文字及经营位置统一，只是颜色变化。这种处理在陈列起来整体感极强，应用广泛。从印刷的角度来看，改版工序简便，只需要将主体文字改换，变换油墨即可（图9-1、图9-2）。

（2）同类产品，图案、文字、颜色都不变，只是规格不一，造型不同。这种变化形式多用在化妆品包装和规格不同的同种产品包装上（图9-3、图9-4）。

（3）同类产品，文字经营位置不变，其规格、图案、颜色都有变化（图9-5、图9-6）。

（4）同类产品，规格不变，图案、颜色、文字都有变化。这种形式变化较大，但是图案的表现手法是一致的，形成主体形象的统一性，仍有较强的系列感（图9-7、图9-8）。

（5）同类产品，规格、颜色、造型都有变化，只是品牌不变，是表现手法的一致将它们统一起来的。这种变化新颖别致，趣味性强，多用于儿童玩具或儿童用品包装，很能抓住儿童心理，展示效果好，吸引力强（图9-9、图9-10）。

（6）同类产品，颜色基调不变，文字品牌不变、造型不变，只是图案形象及经营位置变化。它巧妙地利用盒体四个面的多重组合，构成了极有趣味的新的图案，等于将一个盒体的四个面伸展开，扩大了视觉，增强了吸引力（图9-11、图9-12）。

以上种种，变化丰富，表现手法多样性，整体感召力强，有较强的市场竞争性。

五、系列化包装设计中需要注意的问题

系列化包装设计的优势及市场竞争力是很明显的，但它也具有一定的局限

性，下面的问题值得引起设计者注意：

（1）产品类别不能混淆。系列化包装只是在同类产品中进行组合，非同类产品不能随意组合。

如饮料类：有桔汁、葡萄汁、山楂汁等，但"山楂汽酒"是饮料与酒的合成物，其成份不同，不能混淆。

（2）同类产品系列化中应在共性中强调个性，个性不能破坏共性，也就是说局部不能破坏整体。

（3）系列化包装设计中还应注意商品的档次要分明。

因为商品有贵贱低劣之分，高档商品不能同低档商品形成系列。只能是同类商品中同档次商品之间构成系列。否则人们就会怀疑高档的是真是假？结果弄得高级的反而不高级，低级的冒牌高级，在消费者心目中失去信誉。

六、礼品包装设计

（1）礼品包装的定义

礼品包装是指为满足消费者在社会交往中为表达某种心意而进行礼品馈赠时所采取的特别包装形式。

（2）礼品包装的特点和意义

常言道"礼尚往来"。馈赠文化在中国由来已久，它已经成为传统交往礼仪的重要组成部分。这是人类社会友好与真诚的体现，而作为馈赠物品的包装在这个文化中担任着重要的角色，被赋予了丰富的含义。因此，礼品成为古往今来的重要商品，它所体现的精神价值远远超出商品本身的物质价值，而作为礼品的包装起着举足轻重的作用。

礼品的包装传递的信息具有双重性：既要有产品信息的传递，又要有增加人与人之间感情交流的信息。礼品包装是富有人情味的包装设计题材，设计处理有较大的灵活性。在行销中倾向于买情面、买面子、买身份等软性消费需求，因此，它所受到的成本及材料的限制较少。基于以上的特点，根据礼品的类别，在画面的设计上偏向于装饰意味、高雅的情调和欢快、温馨、喜庆的设色，且具有较强的整体性。在包装的结构造型上更注重较强的艺术性和独特性，追求名贵、体现送礼者的身份及涵养。同时，要有良好的保护产品的性能。

不同的馈赠对象、方式、目的、内容以及不同的民族地区所具有的独特馈赠文化，使得馈赠包装的设计发展成为一项专门的礼品包装设计内容分支，它要求设计师掌握控制文化的特点，综合多方面因素，进行有针对性的符号社会文化的设计创作。

例：优秀礼品类包装设计作品（图9-13～图9-18）。

图9-13～图9-18

第10章

包装的印刷与加工工艺

前面的几个章节对于包装设计所涉及的知识点都做了详尽的讲解，那么可以说印刷和后期的加工工艺的完成则是包装设计最后的工序了，也是使包装由设计方案变为实物的最终环节和最为重要的环节

一、印刷工艺的基本知识

1. 一般纸张印刷可分为黑白印刷、专色印刷、四色印刷，超过四色的多为多色印刷。

2. 物体、金属表面印刷图案、文字可分为：丝网印刷、移印、烫印（金、银）、柔版印刷（塑料制品）。

3. 传统印刷一般包括胶印PS版（把图文信息制成胶片）和纸版轻印刷（也称速印）。商务活动的节奏和变化越来越快，即时的商务要求，成就了印刷技术的重大变革。商业短版印刷、数码商务快印CTP应运而生（不用制版直接印刷）。

4. 文字排版文件，质量要求不高的短版零活印刷，可采用纸板（氧化锌版）轻印刷，节省版费、压缩印刷成本，节约时间，快速高效。

二、印刷流程

设计制作菲林——出片打样——制作PS板——调油漆——上机印刷——磨光（过塑）——裱纸——装订或粘盒——检验出货

三、特殊工艺

上光、覆膜、起凸（起鼓）、压凹、烫电化铝、UV(全面、局部)、磨砂、模切、水热转印、折光、塑封、滚金口、刮刮银等。

四、印前文件准备工作

印前作业是指印刷工艺的前期工作，包括排版、分色扫描、出片打样等工作。其重要性主要在于对计算机在印前作业中所用到的软件的熟练掌握、熟悉印刷工艺的基本工作流程、良好的图形图像处理能力等。以下注意要素都是多年来总结出来的工作经验，仅供大家参考：

1. 确定待出片文档中所涉及到的图片精度为300dpi/像素/英寸；

2. 确定待出片文档中所涉及到的图片模式为CMYK模式；

3. 确定待出片文档中所涉及到的实底（如纯黄色、纯黑色等）无其他杂色；

4. 确定待出片文档中图形文件最好为已合并层的tif文件格式，并请自行保留未合层的文件，以便日后的修改；

5. 图片内的文字说明最好不要在Photoshop内完成，因为一旦转为图片格式以后，字会变毛，印刷效果会较差；

6. 黑白图像，如不是特殊要求，一般为灰度模式。像条形码这种一定要表现成点阵图像形式的线条稿图像，则一般分辨率不低1200dpi，色彩模式为Bitmap；

7. 一定要确认文档中是否有全部必须的文件，确认图片文件一定已包含在此文档中，有时图像虽然可以显示，但实际上缺图或分辨率较低，所以请确认必要的图形并提供足够精度的图像文件在此文档中；

8. 一定别忘记拷入所需要的文字，并不是所有的电脑中都安装着与你电脑相同的字库，尤其是你自认为常见的印刷字体，可能在印刷厂的机器上并没有。带上你设计中所涉及到的字体，安装到出片的电脑上，这是个明智之举。否则出片公司的电脑里一旦缺少你所要的文字，系统就会报缺或乱码。还有另一个办法或者将全部文档转化路径（或栅格化）来保证文字在出片时不会出现问题，但需要注意的是这样文字就不能改动了；

9. 当Pantone专色转成CMYK后，请确认是否会达到同样的效果。Pantone专色转成CMYK后，二者一般会产生一定的差异，部分Pantone专色

转成CMYK后，按照输出经验可以达到同样效果，但那些Process Pantone Color肯定是CMYK不能达到的，那么就只能用增加专色的方式来解决了；

10. 还有要想提高图片的扫描质量，图片可以采取双倍扫描，单倍输出的方式；

11. 出品文件的尺寸应该设置出3mm出血，出片时在菲林片上自动生成裁切线。另外还要注意把色彩按色标值进行核对；

12. 印刷时要提供给印刷厂与菲林片相对应的打样，以便印厂核对印刷效果；

13. 正确的文件扩展名。电脑会根据自己系统里的软件存储最高版本模式，当你的文件拿到印刷厂的时候，可能印刷厂里的电脑软件版本比你的低，就无法打开你的设计图，所以，存文件的时候再存储一个低版本的备用，并在文件上标注你所用的软件及版本；

14. 从文件中删除多余的元素。很多设计师是很粗心的。文件中留有很多不显示或不知何时出现的文件垃圾。这些要及时清理掉，印刷时可能因为你的疏忽留下遗憾；

16. 备份文件。一定要将你做完的文件再备份，防止文件丢失、电脑故障带来的不便。

五、包装印刷中需要注意的问题

包装的印刷区别于其他的平面类印刷，既有共性又有其独特性。

1. 在包装设计之初，设计师就要考虑包装所采用的材料，材料的定位影响到用什么样的印刷手段。

2. 针对选择材料，选用适当的印刷规格。在哪里印、印刷质量如何、咨询印刷材料的报价。因为市场上的材料价格随时都有变数，特殊材料还要考虑到材料存在一定的浪费率。所以在选择材料时要先了解材料的行情及价格。

3. 保持设计的完整性及质量。这不仅能保证印刷及后续加工的流畅性，还能保证成品的质量。尽量不要造成由于设计的不当所造成的资源浪费，这种案例屡见不鲜。

4. 安排好时间进度。有很多客户非常着急的要拿到包装成品，遇到这种客户，一定要合理地安排时间，留出印刷及后期加工时间，并要与印刷厂和加工厂确认好时间及印刷与制作的周期，以免在签订合同后，由于不能按时交货造成违约的损失。

5. 控制成本，选择环保材料。用合适的价格做最好的包装，这是对客户及消费者最好的回馈。针对不同的产品，我们应该尽可能地选择环保材料、合理的印刷工艺，降低成本并减少对环境的压力，可以回收再利用。

6. 最好在设计之初有一份详细的计划方案，与客户进行沟通，达到共识后再进行设计。这样双方都明确对方的要求与进度，达到共识，可以更好地开展工作。

六、色彩在印刷中会遇到的问题

色彩和印刷的关系极端亲密。经常是设计师考虑了各方面的因素，千挑万选了几种颜色，但偏偏到印刷时就做不出预期的效果。作为一名设计师一定要多了解印刷。很多设计师，特别是新入行的，他们不了解印刷的过程，于是到印刷时便出现一些本来可避免的错误。

通常最易出问题的，是印刷品的印刷色彩，效果并不如设计师心中所想。这个失误的原因很多，而其中一个原因，很可能是跟印刷物料和印刷方法有关。同样的油墨以不同的物料、不同厚薄的纸张印刷，所得的色彩效果肯定不同；即使物料相同，但以不同的印刷方法去印刷，油墨的厚度也会不同，色彩的明亮度亦不一样。一名有经验的设计师，事前会就包装承印物的特点、油墨的使用及印刷方法等各方面考虑，设计时尽可能配合客观条件；另一方面，设计师也应多与印刷师傅沟通，互相了解，才可尽量减低失误的程度；或者最好在印刷前在你所选定的物料上打样出来看实际的印刷效果，确保万无一失。设计大多是为商品宣传服务，这个色彩可否增加商品的吸引力都是设计师应该考虑的。一个成功的色彩设计，它拥有生命力，可以感染观众情绪。设计师对色彩运用多作深入的了解和研究，定可设计出更精彩的作品。

七、包装印刷工艺

包装印刷时对于油墨颜料的要求较高，特别是颜色的色泽纯度、分散度、耐光性、透明度等。平时要求彩色油墨的颜料的色调要接近光谱颜色，饱和度尽可能地大，三原色油墨（青、品红、黄）的颜料透明度一定要高，否则会极大地影响到印刷品的质量。不管是何种颜料，一定要有良好的耐水性，能迅速而均匀地连接并结合，具有良好的耐酸、耐碱、耐醇、耐热等性能。在包装印刷中常采用的技术主要包括：胶版印刷、凸版印刷、凹版印刷、丝网印刷、数字印刷等，下面就将这几种方式简单介绍一下：

1. 胶版印刷

现代包装印刷中，胶版印刷之所以得到广泛的应用，是由于胶版印刷套印精确，网点还原性好，色彩丰富、层次分明、立体感强，可以充分表现出产品的特点和风貌，使消费者从产品的包装上，能够得到被包装物的各种信息，起到了宣传产品，美化产品，便于人们了解产品、选择产品的作用。胶版印刷制版速度快，生产周期短，生产成本低。包装印刷一般都采用单张纸胶版印刷设备，在一定的范围内，它不受产品品种、规格的限制。在目前包装印刷产品多品种、小批量、印刷周期短的状况下，更具有竞争优势。

2. 凸版印刷

印刷机的给墨装置先使油墨分配均匀，然后通过墨辊将油墨转移到印版上。凸版上的图文部分远高于非图文部分，因此，油墨只能转移到印版的图文部分，而非图文部分则没有油墨。给纸机构将纸输送到印刷部件，在印刷压力作用下，印版图文部分的油墨转移到承印物上，从而完成一次印刷品的印刷。印刷品的特点：印刷品的纸背有轻微印痕凸起，线条或网点边缘部分整齐，并且印墨在中心部分显得浅淡，凸起的印纹边缘受压较重，因而有轻微的印痕凸起。 墨色较浓厚（墨层厚度约为7μm）。可印刷于较粗糙的承印物，色调再现性一般。

3. 凹版印刷

凹版印刷简称凹印。凹版印刷是一种直接的印刷方法，它将凹版凹坑中所含的油墨直接压印到承印物上，所印画面的浓淡层次是由凹坑的大小及深浅决定的，如果凹坑较深，则含的油墨较多，压印后承印物上留下的墨层就较厚；相反如果凹坑较浅，则含的油墨量就较少，压印后承印物上留下的墨层就较薄。凹版印刷的印版是由一个个与原稿图文相对应的凹坑与印版的表面所组成的。印刷时，油墨被充填到凹坑内，印版表面的油墨用刮墨刀刮掉，印版与承印物有一定的压力接触，将凹坑内的油墨转移到承印物上，完成印刷。

作为印刷工艺的一种，凹版印刷以其印制品墨层厚实、颜色鲜艳、饱和度高、印版耐印率高、印品质量稳定、印刷速度快等优点在印刷包装及图文出版领域内占据极其重要的地位。凹印主要用于软包装印刷，随着国内凹印技术的发展，也已经在纸张包装、木纹装饰、皮革材料、药品包装上得到广泛应用。当然，凹版印刷也存在局限性，其主要缺点有：印前制版技术复杂、周期长，制版成本高。

4. 丝网印刷原理

丝网印刷也称网版印刷，其优点是可以在任何材质上印刷，特别是可以在一些异形、曲面物体上，丝网印大大优于其他印版的功能。丝网印是借助网格漏孔油墨直接附着于承印物上，着墨量大、厚实。但速度较慢，且色彩不宜过多。

5. 数字印刷

数字印刷就是将数字化的图文信息直接记录到承印材料上进行印刷的一种技术。数字印刷流程：数字化模式的印刷过程，也需要经过原稿的分析与设计、图文信息的处理、印刷、印后加工等过程，只是减少了制版过程。因为在数字化印刷模式中，输入的是图文信息数字流，而输出的也是图文信息数字流。相对于传统印刷模式的DTP系统来说，只是输出的方式不一样，传统的印刷是将图文信息输出记录到软片上，而数字化印刷模式中，则将数字化的图文信息直接记录到承印材料上。

近几年来，数字印刷的发展速度很快，它节省了整个印刷流程的时间和成本上，而这些成为它迅速发展的强大竞争武器。

第11章

优秀包装设计作品赏析

一、学生优秀包装设计作品

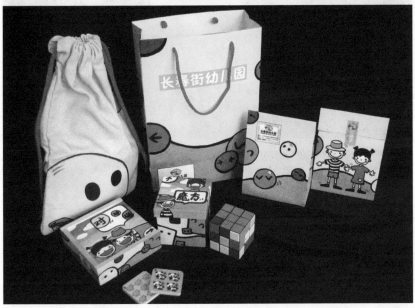

二、国内外优秀包装设计作品

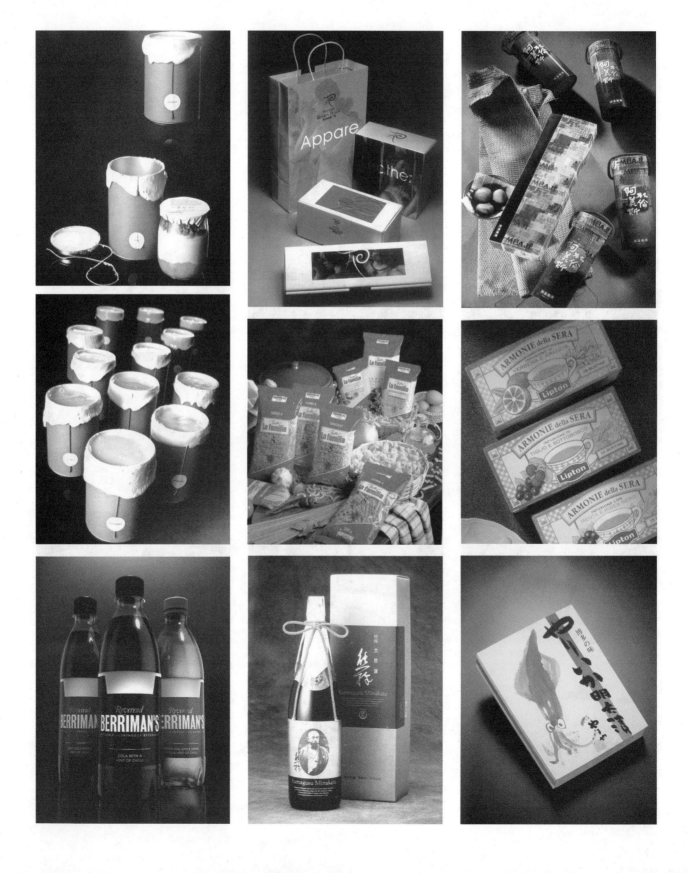